जीवगाथा

गाँस, वास र सहवास

ददि सापकोटा

FP

फाइनप्रिन्ट

फाइनप्रिन्ट प्रा. लि.
कर्पोरेट तथा सम्पादकीय कार्यालय
विशाल बस्ती 'क', विशालनगर, काठमाडौं
पोस्ट बक्स : १९०४१
फोन : +९७७-१-४५४३२६३, ४५२१६४१
इमेल : fineprintbooks@fineprint.com.np
वेबसाइट : www.fineprint.com.np

फाइनप्रिन्टद्वारा प्रथम पटक प्रकाशित, फागुन २०८०

82 81 80 3 2 1

ISBN: 978-9937-790-19-2

JEEVGATHA BY DADI SAPKOTA

विषयसूची

एकाबिहानै भाले बास्नुको रहस्य

"कुखुरी काँ ।"

यस्तो सुन्नासाथ गाउँघरमा लौ बिहानी भयो भन्ने सङ्केत मिल्छ । प्राचीनकालदेखि कुखुराको डाँकसितै दैनिक दिनचर्या सुरू गर्दै आए पनि भाले किन बास्छ भन्ने विषय रहस्यमय नै छ ।

त्यसो त कुखुराको भालेले दिनको सङ्केत गर्न मात्रै बास्ने गर्दैन, यसले कुखुरा जातिको सामाजिक समूहमा कुन भालेको स्तर के हो भन्ने पनि बुझाउँछ । हामीले कुखुरी काँ भनेर भाले बासेको बुझ्ने यो सङ्केत सबै देशमा उसैगरी पनि बुझिँदैन । बेलायतमा यसलाई 'कक अ डुडल डु'

भनेर बुझ्ने गरिन्छ ।

जीवजन्तु विशेषज्ञले सूर्योदय सन्निकट हुँदा आफ्नो समूहको स्तर र विशेषताअनुसार भाले बास्ने तथ्य पत्ता लगाएका छन् । सूर्योदय नजिक हुने बेला समूहको सबैभन्दा रबाफिलो (बलियो, नाइके) भाले कुखुरी काँ गर्दै बिहानीको सङ्केत गर्छ । त्यसपछि उसको पिछा गर्दै दोस्रो रबाफिलो भाले बास्छ । त्यसैगरी पहिलो, दोस्रो, तेस्रो, चौथोले गाउँदै जान्छन् । समूहमा सबै भालेले आफ्नो स्तरअनुसार यो नियम पालना गर्छन् । समूहको सर्वाधिक रबाफिलो भालेलाई कतै लगिदिए वा छुट्याइदिए दोस्रो रबाफिलो भाले स्वतः पहिलो श्रेणीको रबाफिलो बन्छ । उसैले पहिलो डाँकको सङ्केत गर्छ ।

रोचक पक्ष के छ भने, बिहानको उज्यालो देखे पनि, नदेखे पनि भालेहरू बिहान हुनासाथ बास्ने गर्छन् । यो पत्ता लगाउने क्षमता भालेको आन्तरिक सूचकमा हुन्छ ।

भालेहरूलाई यस्तो उत्प्रेरणा वा सङ्केत सिर्काडियन क्लक (सौर्य चक्रअनुसार मानसिक र शरीरका अन्य रासायनिक तत्त्वहरूले प्रतिक्रिया जनाउन मापदण्डका रूपमा मानिँदै आएको प्राचीन घडीको रूप) ले दिने गर्छ । धेरै देश र भिन्नभिन्न संस्कृतिमा बिहानीको सङ्केत दिने भालेको कुखुरी काँ यही सिर्काडियन क्लकमा भर पर्छ ।

जब वरिपरिको सर्वाधिक रबाफिलो भालेले बिहानीको सङ्केत दिँदै गाउन थाल्छ, तब वरिपरिका कम रबाफिला अन्य भालेले उसैलाई पछ्याउँदै बास्न थाल्छन् ।

कुखुरा सामाजिक जीव हुन् । तिनले आआफ्ना समूह बनाउँछन् । तिनमा कसको स्तर माथिल्लो, कसको कम भन्ने निर्धारण गर्छन् । समूहमा सबैभन्दा माथिल्लो स्तरको भालेले नै कतिखेर कुखुरी काँ गर्ने भन्ने निर्णय गर्छ ।

इन्डस उपत्यकाको सभ्यता (जिसस क्राइस्ट जन्मनुभन्दा २६०० देखि १८०० अगाडि) कालदेखि नै कुखुराको भालेले यसरी बिहान बासेर नयाँ दिनको सङ्केत गर्दै आएको देखापरेको विशेषज्ञहरूको भनाइ छ ।

यसरी बास्ने भालेहरूको नियम हुन्छ । कसले कति बेला बास्ने हो, त्यसलाई पालना गरिएको हुन्छ । सबैभन्दा रबाफिलो वा मूली भालेको बास्ने समय दिनैपिच्छे फरक हुन सक्छ । तर त्यसपछिका कम रबाफिला वा तल्लो स्तरका भालेहरूले मूली भालेले बासेपछि सुरू गर्छन् । मूली भालेले बास्दा निकाल्ने आवाजभन्दा तल्ला स्तरकाले बास्दा निकाल्ने आवाज केही मन्द गतिको बनाउँछन् । आफ्नो समूहको प्रमुख भाले नबासेसम्म धैर्य गरेर बस्न सक्ने क्षमता पनि कमजोर भालेहरूमा हुन्छ भन्ने बुझिन्छ ।

पहिले पहिले भालेहरूले आफ्नो बासस्थानको घेरो कोर्न वा आफ्नो बासस्थान कब्जा गरेको सङ्केत गर्न यसरी बास्ने गर्छन् भन्ने विश्वास गरिन्थ्यो । पछिल्ला अनुसन्धानले त्यसलाई गलत साबित गरिदिएका हुन् ।

समूहमा आफ्नो हैसियत सबैभन्दा उच्च कायम गर्न भालेहरू एकअर्कामा निकै आक्रामक हुन्छन् । ती लडाइँ गर्छन् । जित्नेले उच्च हैसियत कायम गर्छ ।

तिनले आफ्नै शरीरको सूचकको प्रतिक्रियास्वरूप बास्ने हुन् वा बिहानीकै सङ्केत गर्न गाउने हुन् भन्ने निर्क्यौल भने भइसकेको छैन । बिहानी उज्यालोको सङ्केतभन्दा पनि भालेको शारीरिक सूचकले प्रेरित गर्नाले ती बास्छन् भन्ने वैज्ञानिकहरूको अनुमान छ ।

अर्को चाखलाग्दो पक्ष पनि छ । कुखुराको आँखाको रेटिना (आँखाको नानीभित्रको पर्दा, जुन ऐना जस्तो हुन्छ । त्यसमा परेको चीज परावर्तन भएर बाहिर निस्किन्छ) मा कोषिकाहरू कम हुन्छन् । आँखाले प्रस्टसित देख्न धेरै प्रकाश चाहिन्छ । अर्थात् प्रकाश ती रेटिनामा प्रवेश गर्नुपर्छ । रेटिनामा कोषिकाहरू कम भएपछि प्रकाश कम हुनाले आँखाले राम्ररी देख्दैन । त्यसैले सूर्यास्त भएपछि कुखुरा साँझ नपर्दै गुँडतिर पस्छन् । यही तथ्यलाई हेर्दा पनि भाले आफ्नै शरीरको आन्तरिक सूचकलाई आधार मानेर बास्छ भन्ने तर्क नै बलियो हुन्छ ।

कुखुरा पहिले कि फुल ?

विद्यालयमा विद्यार्थीबीच 'तरबार बलियो कि कलम ?', 'बुबा ठूलो कि आमा ?', 'बल ठूलो कि बुद्धि ?', 'कुखुरा पहिले कि फुल ?' यस्तै विविध विषयमा वादविवाद गराइन्छ ।

फुल पहिले कि कुखुरा भन्ने तर्क दिन बडो गाह्रो हुन्छ । वादविवाद त गरिन्छ । आफ्नो पक्ष जे पर्छ, त्यही ठूलो हो भनेर । तर अचम्म पारिरहन्छ । कुतूहल रहिरहन्छ, साँच्ची फुल पहिले कि कुखुरा ? पुरस्कार जितेर हात पारिसक्दा पनि स्पष्ट भएको हुन्न । के पहिला हो, कुन ठूलो हो भन्ने ?

बालकलाई मात्रै होइन, यो विषयले जीवनभरि जीवजन्तुबारे अनुसन्धान गर्ने वैज्ञानिकलाई पनि कुतूहल पार्छ । विश्वभरि चिनिएका त्यस्ता वैज्ञानिकलाई पनि खासै थाहा हुन्न, साँच्चै फुल पहिले हो कि कुखुरा ? यस विषयमा वर्षौंवर्षदेखि वैज्ञानिक खोजीमा जुटिरहेछन् । वर्षौंदेखिको अनुसन्धानपछि हाल अनुसन्धानकर्मीले कुखुराभन्दा फुल नै पहिले हो भनेका छन् । त्यसो भए फुल कहाँबाट आयो त ?

कुखुरा पहिले कि फुल भनेर पत्ता लगाउन दर्शनशास्त्री, पैदायसी गुण (जेनेटिक) शास्त्री र कुखुरा पालकहरूको एक समूहले संयुक्त रूपमा कुखुराभन्दा फुल पहिले हो भनेर दाबी गरेका छन् ।

तर्क के छ भने, पैदायसी गुण (जेनेटिक मेटरियल्स) हरू जीवजन्तुको जीवनकालमा परिवर्तन हुँदैनन् । त्यसैले हामीले कुखुरा भनेर चिनिने जुन चराको विकास भयो, सायद परापूर्वकालमा त्यो चाहिँ फुलभित्र भ्रूणका रूपमा अस्तित्वमा रहेको हुनुपर्छ भन्ने तर्क उनीहरूको छ ।

पैदायसी गुणको जैविक उन्नति र विकास (एभोलुस्नरी जेनेटिक) का विशेषज्ञ नोटिङ्गम विश्वविद्यालयका प्राध्यापक जिन बुकफिल्डका अनुसार चराहरू फुलबाट निस्कने बेलामा तिनले फुललाई ठुँगेर बाहिर निस्कन्छन् । वा फुलभित्रको बचेराले आफ्नो ठुँडले आफैं ठुँगी फुल फोरेर बाहिर निस्कन्छ । त्यो क्रमबद्ध तरिका हेर्दा पनि फुल पहिले हो भन्ने स्पष्टसँग देखिन्छ ।

फुलभित्र रहेको जीवित जीवतत्त्व (लिभिङ अर्गानिजम) को आनुवंशिकी (डिएनए) र विकास हुने कुखुराको आनुवंशिकी समान हुनुपर्छ । यहाँ भन्न खोजिएको के भने, सुरूमा फेला परेको फुलको आनुवंशिकी र पछि कुखुराका रूपमा जुन विकास भयो, त्यसको आनुवंशिकी समान हुनुपर्छ । त्यसैले उनको तर्क छ– पहिलो जीवित वस्तु त्यस्तो जातिको एक सदस्य थियो । त्यसैले त्यो नै पहिलो फुल हुनुपर्छ ।

बुकफिल्डसँगै सहमत अर्का व्यक्ति पनि छन्, लन्डनको किङ्स कलेजका डेभिड पापिनो । उनी फुल र दर्शनशास्त्रका विशेषज्ञ हुन् । पापिनोको तर्क के छ भने, पहिलो कुखुरा एउटा फुलबाट निस्कियो, जसले के प्रमाणित गर्छ भने, कुखुराका फुलहरू कुखुराभन्दा पहिले थिए । उनको विचारमा मानिसले के गल्ती गरेका थिए भने, पुर्खाभन्दा फरक तरिकाले निस्किएको फुल फरक चराका जोडीको थियो । पहिलो फुल अहिलेको कुखुराको फुल नभई अन्य कुनै चराका जोडीबाट निस्किएको थियो भन्ने कतिपय मानिस गलत तर्क गर्छन् ।

बुर्क भन्छन्– पहिलो पटक देखापरेको त्यो कुखुराको फुल नै थियो । त्यसबाट पछि पनि कुखुरा निस्किए भनेर त्यसलाई प्रमाणित गर्न उनले अझ सजिलो तर्क अगाडि सारेका छन् । कङ्गारूले एउटा फुल पार्‍यो र त्यस फुलबाट सुतुरमुर्ग (अस्ट्रिज) कोरलियो भने, त्यो निश्चित रूपमा सुतुरमुर्गको फुल ठहरिन्छ ।

कङ्गारूको फुल ठहरिँदैन ।

कुखुरापालक बुर्न पनि कुखुराभन्दा पहिले फुल नै थियो भन्ने तर्कको पक्षसँग सहमत छन् । उनी भन्छन्, "कुखुराहरू देखापर्नु धेरैअगाडि नै फुल देखापरिसकेका थिए । ती फुल निश्चित रूपमा आज हामीले देख्ने कुखुराका फुल जस्ता थिएनन् होला । तर ती फुल नै थिए ।"

चिकन लिटल नामक सानो फिल्म सार्वजनिक गर्ने क्रममा आयोजित वादविवादबारे नेसनल जियोग्राफीले मे २००६ मा एउटा आलेख तयार पारेको थियो । त्यसमा पनि कुखुराभन्दा फुल पहिले भन्ने तर्क गरिएको छ । पछिल्लो समय वैज्ञानिक यही तर्कमा बढी सहमत छन् ।

बाघभन्दा कम होइन फिस्टा

जङ्गलको राजा, हेर्दा राघेपाटे, विशाल शरीर भएको, लमक लमक लम्केर हिँड्ने बाघ जङ्गलको महत्त्वपूर्ण जनावर हो । बाघका सामाजिक र सांस्कृतिक अनेक महत्त्व र किंवदन्ती छन् । बाघ भन्नेबित्तिकै मान्छेको ध्यान यत्तिकै तानिन्छ । बाघ जोगाउन आरक्षहरू बन्छन् । छुट्टै रणनीति, संरक्षण योजना बन्छन् ।

नेपालमा बाघ मार्नेलाई मान्छे मार्नेलाई भन्दा बढी सजाय छ । यस्तो जन्तुसित जाबो तीन सय ग्रामका फिस्टालाई तुलना गर्न मिल्छ ?

तर कुनै पनि जीव संरक्षणको महत्त्व, उसको हेराइ, आकार, तौल र पर्यटकीय महत्त्वका हिसाबले कति सुन्दर देखिन्छ भन्ने दृष्टिकोणले

निर्धारण गरिनुहुन्न । बरू ती जीवका जीव पारिस्थितिक प्रणाली (इकोसिस्टम) मा भूमिका, महत्त्वका आधारमा निर्धारण हुनुपर्छ ।

लिफ वाब्लर फिस्टा हेर्दा आकर्षक, सुन्दर, मनमोहक देखिँदैनन् । यी सर्वभक्षी जीव चरा अवलोकनकर्ताकै दृष्टिमा पनि हतपत पर्दैनन् । यिनलाई खुट्याउन र छुट्याउन मुस्किल हुन्छ । फिक्का, धमिलो, फुस्रा रङ्का यी चरा हेर्दा सबै प्रजाति उस्तै उस्तै देखिन्छन् ।

नेपालमा यिनका दर्जनौं प्रजाति छन् । नाम नै फिस्टा भएकाले आकारमा असाध्यै साना छन् । तर जङ्गलका झाडीमा यी आँखाले हेर्न पनि नभ्याउने गरी सलबलाउँछन् । यति छिटो दगुर्छन् कि, दूरबिन एकातिर नसोझ्याउँदै अन्तै भागिसक्छन् । पशु र अन्य जीवजन्तुको आकारको विधा (मोर्फोलोजी) मा आँखालाई पारखी नबनाई यिनलाई देख्न असम्भव बनाइदिन्छन् । फेरि यी सबै प्रजातिका आवाजको भिन्नता छुट्याउनु साह्रै मुस्किलको कुरा हो । जीव परिस्थितिशास्त्र (इकोलोजी) अनुसार पनि ती समान जस्तै हुन्छन् ।

भारतीय उपमहाद्वीपमा १८ प्रजातिका लिफ वाब्लर नामक फिस्टाका प्रजाति पाइन्छन् । यी सबै उत्तरी हिमाली भागदेखि उत्तरपूर्वीय भागसम्म बसाइँ सरेर आउजाउ गर्छन् । हिमाली पर्वतमुनिका डाँडाकाँडा (फुटहिल्स) र उत्तरपूर्वी भारत जसलाई पेनिन्सुला भनिन्छ, त्यस जङ्गलमा सेप्टेम्बरदेखि मेसम्ममा शीतोष्ण ग्रीष्मकालको याममा प्रजनन गर्छन् । यिनका प्रजातिमा हरेक चराको तौल सातदेखि ११ ग्राम मात्रै हुन्छ ।

उपमहाद्वीपीय (सबकन्टिनेन्टल) जङ्गलमा उष्णक्षेत्रीय जाडोयामका बेला सबैभन्दा बढी पाइने जीव सायद चराको जातिमै यिनै हुन् । यी लाखौंको सङ्ख्यामा हुन्छन् । कुनै पनि जङ्गलको झाडीको सानो टुक्रामा पनि दुईतीन प्रजातिका फिस्टा पाइन्छन् । अति सानो झाडी, वनको चोक्टामा पनि तीनचार ओटा फिस्टा त कीराको ध्याउन्नमा सलबलाएकै हुन्छन् । त्यसमा वनको जति विविधीकरण, वनस्पति र बिरूवाको मिश्रण छ, उति नै प्रजातिका, उति नै धेरै सङ्ख्यामा पाइने सम्भावना हुन्छ । सबै याममा कुनै न कुनै प्रजाति पाइन्छन् । त्यसको अर्थ फिस्टाले बाह्रै काल हाम्रो वन, खेतबारीका कीरा खाएर नियन्त्रण गरिदिन्छन् ।

ती फिस्टाको काम के ? जुन ठाउँमा बसे पनि जतिखेर पनि खानका लागि कीराकै पछाडि लाग्ने, तिनलाई समात्ने, पक्रने हुन्छ । जाडोयामका करिब छसात महिना फिस्टालाई पत्नी खोज्ने रन्को पनि हुन्न । पोथीको मन पगाल्न, आहारा नखाई घण्टौं झाडीमा बसेर गीत गाउनुपर्दैन । पोथीहरूलाई पनि सुन्दर भाले हेरेर प्रेममा फसाउने पीर हुन्न । बचेरा हुर्काउनु, आहारा खोजेर लगिदिनुपर्ने हुन्न । त्यसैले यो समयमा ती जतिखेर पनि चरेरै बस्छन् ।

मङ्सिरमा मानिसले बिहेको लगन कुरे झैं फिस्टाहरू गर्मीयाम कुर्छन् । निर्धक्क खाएर एक्लै जाडोयाम बिताउँछन् । बरू पखेटा सफा गर्छन् । पुराना काम नलाग्ने भुत्ला मिल्काउँछन् । शरीर सफा राख्छन् । गीतका माध्यमबाट वा सीधा आँखा जुधाएर आफ्नो बासस्थानको रक्षा गर्छन् । गतिलो ठाउँ ओगटेर बस्छन् ।

प्रत्येक लिफ वाब्लरले सालाखाला हरेक मिनेटैपिच्छे तीन ओटा कीरा खान्छ । सक्रिय रहने समयमा यसरी तिनले दिनभरि नै खान्छन् । तिनले पातपतिङ्गरबाट झिकेर पल्टाई पल्टाई कीराहरू टप्पटप्प टिपेर खान्छन् । कहिलेकाहीँ झिँझा र फूलबाट पनि टिपेर खान्छन् । विशेषगरी तिनको खान्कीमा सर्वभक्षी कीरा हुन्छन् । तिनले पात खाने फट्याङ्ग्रा अति रूचाउँछन् ।

एउटा लिफ वाब्लर फिस्टोले घण्टाको एक सय ८० ओटा कीरा खाइदिन्छ । अथवा एक हजार नौ सय ८० ओटा कीरा प्रत्येक दिन खान्छ । सूर्योदयदेखि सूर्यास्तसम्म नै दिनको करिब ११ घण्टा यी चरा कीरा समात्न सक्रिय रहन्छन् । यसरी वनको सानो चोक्टो वा एक हेक्टरबाटै फिस्टाले १२ हजार बिरूवाका शत्रु नाश गरिदिन्छन् । एउटा फिस्टाले दुई सय ५० दिन मात्रै कीरा मारे पनि उसले चार लाख ९५ ओटा कीरा मारेर रूखबिरूवा, बालीनालीको रक्षा गरिदिन्छ ।

अब विचार गरौं, बाघ, हात्ती, गैंडा जस्ता ठूला जन्तुको महत्त्वलाई मात्रै हेरेर संरक्षण नीति बनाउँदा हाम्रो वनको हालत के होला ? अथवा ठूला जनावर छैनन् भन्दै वनका साना चोक्टा, ठूला जन्तु नभएका वन मासिदिए फिस्टा कहाँ जालान् ? फिस्टाहरूको बासस्थानबारे नसोच्ने हो भने कसरी रहला वनजङ्गल ? अनि हामीले ठूला जन्तु कहाँ संरक्षण गर्न सकौंला ? रूख र बिरूवा जोगाउने फिस्टा नै नभए हात्ती र गैंडा, मृग र खरायोले के खाने ? मृग, खरायो नभए बाघ र चितुवाले आहारा कसरी जुटाउने ?

हरेक हेक्टर वनमा कम्तीमा ४० ओटा फिस्टा हुन्छन् । तिनले कीरा खाएरै जीवन गुजार्छन् । त्यसमा अरू प्रजातिका चरा पनि हुन्छन् । फ्लाइक्याचर भनिने कीरा खाने अन्य चरा पनि मिसिएका हुन्छन् । मारून्नी चराका केही प्रजाति हुन्छन् । रानी चरा, चिबे, भद्राई, भ्याकुरले पनि त्यसैगरी कीरा खान्छन् । एउटा चराले सालाखाला मिनेटको दुई ओटा कीरा खाइदिएको हुन्छ । त्यसो गर्दा घण्टाको पाँच हजार कीरा घट्छन् । अर्थात् प्रत्येक हेक्टर वनबाट दिनको ५५ हजार कीरा घट्छन् ।

केही सातामा बिरूवा च्यातिएको भए पात झुत्रोमुत्रो हुन्छ । त्यसो भयो भने हाम्रा दुर्लभ बाँदर पनि बेखुसी हुन्छन् । फट्याङ्ग्राले कुटुक्ककुटुक्क गर्दै बिरूवा काटेको आवाजको प्रत्युत्तरमा बिरूवाले शाकाहारी विशाक्त मिश्रण उत्पादन गर्छ । त्यही मिश्रणले पात भरिन्छन् । त्यसपछि बिरूवाले थोरै फूल फुलाउँछन् । फूल थोरै फुलेपछि फल पनि थोरै नै लाग्छ । फूलले पनि प्रतिरक्षा गर्नकै लागि एकदम धेरै

शक्ति खर्चिन बाध्य हुन्छन् । फल कस्तो लाग्छ भन्ने फूलमा निर्भर गर्छ । फूल राम्रो फुलेर फल लागेन भने फलाहारी जीवलाई समस्या पर्छ । फल थोरै लागेपछि थोरै बीज हुने र थोरै नै फैलिने हुनाले जङ्गलको पूर्ण वृत्ति, हुर्कने, फैलिने क्रम ढिलो हुन्छ । त्यसपछि जमिन छिटो सुक्खा हुन्छ । किनभने वन पातलो भएपछि त्यहाँभित्र घाम धेरै पस्छ । यत्रो ठूलो विपत्तिलाई रोक्न, वन फैलाउन, फलफूलको रक्षा गर्न यी फिस्टा चरा हरेक वर्ष हजारौं किमि दूरीको यात्रा गर्छन् । कुनै पनि वर्ष नभुलीकन हाम्रा वनमा टुप्लुक्क आउँछन् । तिनले विषालु कीरा खोजीखोजी खाइदिन्छन् ।

एलो वाब्लर फिस्टे चरा नेपालमा पनि पाइन्छ । यसले कफीमा लाग्ने कीरालाई खोजीखोजी खाइदिन्छ । अमेरिकामा भएको अनुसन्धानअनुसार वर्षमा कफी पाक्ने बेला कीराले करिब ९० करोड डलरबराबरको क्षति गरिदिन्छन् । यी एलो वाब्लरलगायत अन्य चार थरी चराले त्यस्ता कीरा खाइदिएर किसानलाई ठूलो गुन लगाउँछन् । कफीको खेतीमा लाग्ने कीरामध्ये कम्तीमा ५० प्रतिशत त यस्तै चराले खाएर खत्तम पारिदिन्छन् ।

बसाइँ सर्ने र नसर्ने ८० प्रतिशत फिस्टा (वाब्लर्स) ले हरेक जाडोयाम भारतीय उपमहाद्वीपमा बिताउँछन् । ती बसाइँ सर्नेहरू क्यास्पियन समुद्री भाग, टर्कीदेखि पूर्वमा काश्मीर, दक्षिणी रसिया र अफगानिस्तानदेखि आउँछन् । ती वन कीरा खाने धेरै चराका प्रजननस्थल हुन् । यी वन सीधा काटेर वा ब्रह्माण्ड तात्नाले मौसम बदली भएर मासिए भने के हालत होला ? त्यो कारणले ९० प्रतिशत चराको सङ्ख्या नाश भयो भने ? कतै जाडोयाम छिटो सुरू हुने, कतै गर्मी याम छोटिने, कतै हिउँ छिटो पर्ने, एक्कासि मौसम बदलिनेलगायत कारणले अमेरिका र युरोपका धेरै प्रजननस्थलमा चरा लोप हुने, जोखिम लिएर अन्तै भाग्नुपर्ने, बसाइँसराइमा छिटो निस्किनुपर्ने जस्ता समस्या भोगिरहेका छन् ।

बसाइँ सर्ने चराहरूलाई कुनै भौगोलिक दूरीले रोक्दैन । तिनलाई बासस्थान र मौसमका कारणले रोक्छ । प्रभावित पार्छ । जाडोयाम बिताउने भारतीय उपमहाद्वीप होस् कि प्रजनन समय बिताउने टर्की, रसिया, अफगानिस्तानको वन, त्यसैले एकातिर मात्रै वन संरक्षण गरेर पुग्दैन । दुवैतिरका सरकार, संरक्षणकर्मी लाग्नुपर्छ । दुवैतिरको बासस्थान संरक्षण हुनुपर्छ । एकै दिन लाखौंको सङ्ख्यामा कीरा मारेर खेतीपाती, बालीनालीको संरक्षण त यी फिस्टाले नै गर्छन् । हाम्रा बाघ, भालु, हात्ती, गैंडा जोगाउने पनि प्रत्यक्ष रूपमा यिनै फिस्टा चरा हुन् । के यिनै फिस्टा चरा संरक्षणको नीति बनेन, यिनको बासस्थान जोगिएन भने हामीले जस्तोसुकै बाघ, संरक्षण नीति बनाए पनि ती बाघ र गैंडा खुसी होलान् ? स्वतन्त्रपूर्वक विचरण गर्ने थलो रहला ? ती जोगिएलान् ? नीतिनिर्माणकर्ताले सोच्ने हो कि !

चरा किन उड्छन् भी आकारमा ?

कसैले रेखा कोरिदिएको हुन्न । मानचित्र हेर्ने कुरो भएन । चराले जिपिएस चलाउँदैनन् । गोजीमा कम्पास हुन्न । तैपनि चराहरू आकाशबाटै बाटो पत्ता लगाएर युरोपदेखि एसिया, अमेरिकादेखि युरोप, अफ्रिकासम्म बसाइँ सरेर जान्छन् । बसाइँ सरेर फेरि यस्तो तगडाले जान्छन् कि, अघिल्लो वर्ष नै गएको ठाउँ पुग्छन् । कुनै चरा त ठ्याक्कै अघिल्लो सालकै गुँडमै पुगेर गुँड बनाउँछन् । उही थलोमै आहारा टिप्छन् । प्रेम गर्छन् । सुसेली हाल्छन् । नृत्य देखाउँछन् । यसरी बाटो पत्ता लगाउन कसरी सम्भव हुन्छ ?

धेरै चराले जमिनको उबडखाबड, डाँडा, नदीनाला, तालतलैया, हिमाल र सहरबजारको

दृश्य याद गर्छन् । त्यसैलाई चिह्नका रूपमा प्रयोग गर्छन् । आकाशमा चराले समय पत्ता लगाउने विभिन्न अक्कलमध्ये तारा, रातको प्रहर, रातको जून र सूर्यको अवस्था पनि हो । जुन आकाशमा कहाँ पुग्यो ? कति ढल्कियो भन्ने हेरेर पनि चराले समय पत्ता लगाउँछन् ।

आफ्नो बाटो जसरी पत्ता लगाए पनि आखिर उडेर पुग्नैपर्छ । कसरी उडेर पुग्ने ? चराहरूको उडान फरकफरक हुन्छ । सामूहिक रूपमा उड्दा कुनै समूह गुजुमुज्ज परेर उड्छ । कुनै लम्बेतान बनेर उड्छ । कुनै चराहरू खासगरी हाँसका प्रजाति अङ्ग्रेजी अक्षर भी आकारमा उड्ने गर्छन् ।

त्यसो त सबै चरा भी आकारमा उड्दैनन् । हाँस र क्रेन जातिका चरा भी आकारमा उड्ने हुन् । भी आकारमा उड्नुको रहस्य सबैभन्दा अगाडिको नेतृत्वकर्तालाई सबैले देखून्, उसले पनि सबैलाई देखोस्, कुनै समस्या पर्दा सबैलाई छिटो जानकारी दिन पाइयोस्, एकले अर्कोलाई स्पष्ट देखियोस्, कोही नछलियोस्, कतैबाट शत्रुले आँखा लगाउन खोज्दै छ भने कोही न कोहीले देखोस्, उड्दा सम्पर्क गर्न कराएको आवाज सबैले सुनून्, बाज जस्ता मांसाहारी जीव टाढैबाट सबैले देखून् भन्ने हो ।

समूहमा कोही कम अनुभवी हुन्छन् । कोही पहिलो पटक बसाइँसराइमा जाने ज्ञान नभएका हुन्छन् । कोही आलाकाँचा त कोही अलि अशक्त हुन सक्छन् । त्यसैले ती सबैले एकअर्कालाई देखियोस् भनेर पनि भी आकारमा उड्ने हुन् ।

अर्को कारण फ्रान्सेली वैज्ञानिकहरूका अनुसार भी आकारमा उड्दा अगाडि उड्नेले साढे पाँच मिलिमिटरका दरले हावाको वेग काटिदिन्छन्, जसले गर्दा पछाडि उड्नेहरू कम थाक्छन् ।

सबैभन्दा अगाडि उड्नेले धेरै हावाको झोक्का बेहोर्नाले बलिया र यात्राका अनुभवीहरू अघिल्लो पङ्क्तिमा उड्छन् । अलि निर्बलिया, कम अनुभवीलाई बीचमा राखेर लैजान्छन् । बलिया, यात्राका अनुभवीहरूले शत्रुहरू आएको छिटो पत्ता लगाउँछन् र पछिल्लालाई सूचित गराउँछन् । बसाइँसराइको अनुभव नहुनेलाई अघिल्ला पङ्क्तिमा रहनेले सडक, डाँडाकाँडा, हिमाल, नदीनाला र सहरहरूलाई कसरी चिह्नका रूपमा प्रयोग गर्ने भन्ने सिकाउँदै र देखाउँदै लैजान्छन् । नेतृत्वकर्ताले दिएको सङ्केत पूर्ण रूपमा पालना गर्नुपर्छ । जसले पालना गर्दैन, ऊसलाई समूहबाट निकाला गर्छन् ।

कुनैकुनै बेला तिनले भी आकारलाई बिगार्छन् । जहाँ हावा बढी वेगले चलेको हुन्न, त्यस बेला सायद गज्याङगुजुङ गरेर उड्छन् र हावा बढी हुनासाथ फेरि भी आकार बनाउँछन् । जब अगाडि नेतृत्व गरेर उड्ने थाक्छ, तब अर्को कसैले नेतृत्व लिन्छ । सायद यस्तो बेला पनि त्यो भी आकार बिग्रिन्छ ।

यसरी उड्दा कहिलेकाहीँ गिज (हाँस) बिरामी पर्न सक्छन् । जुन बिरामी पर्छ, उसलाई प्रायः दुई ओटाले साथ लागेर ओर्लिन्छन् । सँगै बस्छन् । हेरचाह गर्छन् । सन्चो भए फेरि सँगै उडेर अगाडि गइसकेको आफ्नो समूहलाई भेटाउँछन् । वा सन्चो भएन भने मरून्जेल कुर्छन् र बाँकीले यात्रा बढाउँछन् ।

सबैभन्दा उचाइमा उड्ने हाँस जातिको चरो खोया हाँस (बार हेडेड गुज) हो । टाउकामा खोयाको जस्तो धर्सा भएकाले खोया हाँस भनिएको हो । जाडोयाम लाग्न थालेपछि उत्तरी हिमाली क्षेत्रबाट सात हजारभन्दा अग्ला हिमाल नाघेर नेपाल आउने पनि यिनै हुन् । खास गरेर हिमालबाट वहने तीव्र वेगको हावासितै धकेलिएर फुत्तफुत्त नेपालको ओरालो भूभागतिर छिर्छन् ।

भूउपग्रहका माध्यमबाट यी चराको बसाइँसराइ यात्राबारे निगरानी गर्दा सात हजार पाँच सय मिटर माथिबाट उडेको पाइयो । एक पटक यस्तै एउटा खोया हाँसको खुट्टामा बाँधिएको सानो तार जस्तो यन्त्रलाई भूउपग्रहबाट निगरानी गर्दा उत्तरी भारतको भरतपुर वन्यजन्तु संरक्षण केन्द्रबाट यी चरा नयाँदिल्लीको आकाश भएर उडे । त्यसपछि नेपालको धनगढी छिरे । त्यसपछि जुम्ला र मनाङको आकाशबाट हिमाली बाटो हुँदै नेपाल छिरेको पाइयो । यी चरा कहीँकतै नरोकिई साढे १६ घण्टा लगातार उडेर भरतपुर वन्यजन्तु संरक्षण केन्द्रबाट नेपाल आएको पाइयो ।

स्नो गिज (विकासे हाँस) चरा पनि बसाइँसराइमा माहिर मानिन्छन् । जाडोयाममा गर्मीतिर र गर्मीमा जाडो स्थलतिर हजारौं किमि दूरी उडेर आउनेजाने गर्छन् । उड्दा अङ्ग्रेजी अक्षर भी आकारमा उड्छन् । यात्राभरि सबै क्यारकुर-क्यारकुर, ङिरङिर आवाज निकालिरहन्छन् । यसको अर्थ समूहको कोही पनि नछलियोस् र पाएको सूचना बाँड्नका लागि हो । भी आकारमा उड्नुको कारण हावाको तीव्रतालाई कम गर्न र ठूलो समूहमा उड्ने हुनाले एकअर्कामा नठोक्कियोस् भनेर पनि हो । उच्च हिमाली भेगमा उद्धारमा लैजाने हेलिकोप्टर बनाउन यी चराहरूको उडानको अनुसन्धान लामो समयदेखि वैज्ञानिकहरूले जारी राखेका छन् । मानिसहरूले दाइँ गरेका ठाउँमा अन्न छरिएको यिनले माथि आकाशबाटै देख्छन् र आराम गर्न त्यहीँ ओर्लिने, चरेर जाने गर्छन् ।

एसिया महादेशका मानिस युरोप आउन मरिहत्ते गरे पनि सेता गरूड चाहिँ अफ्रिका र एसियातिर जान मरिहत्ते गर्छन् । सेता गरूडहरू युरोपेली भूभागमा चरम ठन्डी सुरू हुन लाग्दा एसिया र अफ्रिकातिर बसाइँ सर्छन् । केही एसियातिर भने केही अफ्रिकातिर जान्छन् । अफ्रिका जानेको सङ्ख्या एसियातिर जानेको भन्दा निकै बढी हुन्छ । कुनै बेला त हजारौंको सङ्ख्या युरोपतिरबाट अफ्रिका हानिँदै गरेको देखिन्छ ।

उता न्यानो हुने, कीरा र माछा अनि लेउ र भ्यागुता पाइने, बस्न कम ठन्डी हुने र दिन लामा हुनाले हो । एसिया पुग्न करिब सात हजार पाँच सय किमि उड्नुपर्छ ।

अफ्रिका त्यसको आधा जति दूरीमै पुगिन्छ । तर अफ्रिकातिर नगएर किन केही सेता गरूड त्यत्रो कठिन, लामो बाटो पार गरेर एसिया पुग्छन् । यो अचम्मै छ । अझैसम्म किटानका साथ वैज्ञानिकहरूले भन्न सकेका छैनन् । केहीको अनुमान अफ्रिकाभन्दा एसिया (नेपाल, भारत, बङ्गलादेश) तिर बढी आहारा पाइने, यो जातिका चराको सङ्ख्या कम हुनाले, आहाराका लागि कम प्रतिस्पर्धा गरे पनि पुग्नाले हो । केहीको धारणा आफ्ना पुर्खा पहिलेदेखि जता जाने गरेका थिए, तिनका सन्तति पनि उतै जाने गरेका हुन् ।

केही वैज्ञानिक भन्छन्– वंशाणुगत गुणले गर्दा तिनलाई पुर्खाकै थलोतिर जान प्रेरित गर्छ । नेपालमा यी फिरन्ते भ्रमणकर्तालाई कानुनी हिसाबले दुर्लभ पन्छीको श्रेणीमा राखिएको छ ।

चराले हिमाल नाघ्नुको रहस्य

जाडोयाममा खोया हाँस जाडो छल्न नेपालका अग्ला हिमाल नाघेर भरतीय क्षेत्रमा जान्छन् । केही नेपालतिरै अलमलिन्छन् । यही क्रममा वैज्ञानिकहरूले नौ हजार छ सय ७८ मिटर माथिबाट हिमाल नाघ्दै गरेका खोया हाँसको अवलोकन र अनुसन्धानबाट नौलो तथ्य भेटाए । त्यो उचाइ भनेको व्यापारिक प्रयोजनका लागि उड्ने विमानभन्दा पनि माथि हो ।

सात हजार मिटर अग्ला हिमाल कसरी नाघ्छन् ? चराले केका आधारमा नाघ्छन् ? विमानलाई मुस्किल हुने तर चराले सुइँका सुइँ नाघ्न तीसित त्यस्तो शक्ति के हुन्छ ? मान्छे अचम्ममा पर्दै आएका हुन् । थुप्रै तथ्य पत्ता लागेका पनि हुन् । तर अहिले मकालु हिमालबाट

अनुसन्धान गरेर केही वैज्ञानिकले यी चराले सजिलै हाम्रा त्यत्रा अग्ला हिमाल कसरी नाघ्छन् भन्ने नौलो तथ्य फेला पारेका छन् ।

अहिलेसम्म वैज्ञानिकहरूले विश्वास गर्दै आएका थिए– चराको पुच्छरमा ठोकिने हावा र माथिल्लो भागमा धकेलेर बहने हावाले गर्दा चरा सजिलोसित उड्ने गर्छन् । तर अनुसन्धातालाई त्यसमा शङ्का लाग्यो । नेपालका हिमालमाथिबाट उड्ने खोया हाँसको अनुसन्धान गर्ने निर्णय गरे । त्यो अध्ययन गर्न तिनले एक दर्जनभन्दा बढी खोया हाँस पक्रेर तिनको ढाडमा सानो थैली जस्तो मेसिन बाँधे । त्यसमा भूउपग्रह ट्रान्समिसन जोडिदिएर चरालाई छाडियो ।

त्यसबाट प्राप्त तथ्यले उनीहरू छक्क परे । यी चरा बिहानै वा साँझ उड्न सुरू गर्ने रहेछन् । अपराह्नतिरको पृथ्वीबाट करिब १२ माइल प्रतिघण्टाका दरले तातो हावा माथितिर बहन्छ । तर बिहान र राति भने हावाको बहाव तलतिर हुने गर्छ । त्यो बेला हावा ठन्डा र अलि बाक्लो पनि हुन्छ । त्यसले गर्दा यी हाँसलाई अझ बढी माथि उचालिन सहज हुन्छ । ठन्डा हावाले शरीरबाट उत्पन्न तापलाई चिस्याउन सहयोग पुऱ्याउँछ । चिसो हावामा अक्सिजनको मात्रा पनि बढी हुन्छ । त्यसले गर्दा अझ उचाइमा उड्न हाँसलाई सहज हुन्छ । उचाइमा पुग्दा हावा नरम हुन्छ ।

वैज्ञानिक तथ्यले भन्छ– धेरै विमान एकै पटक उडाउनुपर्दा (जस्तै लडाकु विमान) भी आकारमा उडाइन्छ । त्यसो गर्दा पछिल्ला विमानको इन्धन केही बचाउ हुन्छ । किनभने भी आकारमा एकै पङ्क्ति मिलाएर उड्दा अघिल्लाले हावाको झोक्का केही रोकिदिन्छन् र पछिल्लालाई कम पार्छ । अर्को कारण के हो भने टोली प्रमुखलाई पछिल्लाले पनि सहजै देखेर ऊ उडेको मार्ग पछ्याउन सजिलो हुन्छ ।

भी आकारमा उड्ने चरा एकअर्कामा ३० सेमिको दूरीमा लाम लागेर उड्ने रहेछन् । अघिल्लो चराको ठ्याक्कै पछाडि उड्दा उसको पखेटाले हानेर निकालेको झोक्काको तालमा आफ्नो पखेटा मार्दा भार कम पर्छ । उसलाई उचालिन सजिलो पर्छ । अथवा यसलाई अझ सजिलोसित बुझ्न अघिल्लो चराले फ्याटफ्याट पखेटा हान्दा पछिल्लोले हानेको पखेटाको चालसित उल्टो पर्छ । यसो गर्दा अघिल्लोले निकालेको हावाले गर्दा पछिल्लो चरालाई उचालिन सजिलो पार्छ । तलतिर दबिनबाट वा झर्नबाट बच्न सजिलो हुन्छ ।

त्यति मात्र होइन, बसाइँसराइको लामो यात्रा गर्नु एक कठिन काम हो । त्यसैले आफ्ना छिमेकीसित नजिक रहनु यसको अर्को कारण पनि हुन सक्छ । वैज्ञानिकको अध्ययनबाट के पत्ता लागेको छ भने, यसरी भी आकारमा उड्दा पछिल्ला चराले २० देखि ३० प्रतिशत इन्धन (बोसो) बचत गर्न सक्छन् । किनभने चरा उडेका बेला जति धेरै कसरत पऱ्यो, उति धेरै बोसो कम खर्च हुन्छ ।

चराहरू आकाशको कुन उचाइ र तहमा पुगेपछि यस्तो खालको हावाको बहाव भेटिन्छ भनेर पत्ता लगाउन पनि सक्षम हुन सक्ने वैज्ञानिक औंल्याउँछन् । तर चराले

त्यो कसरी पत्ता लगाउँछन् भन्ने चाहिँ फेला पार्न सकेका छैनन् । प्रायः चराले त्यो कि हेरेरै पत्ता लगाउने वा पखेटाले महसुस गरेको हुन सक्ने वैज्ञानिकहरूको अड्कल छ । अथवा चराहरूलाई उड्न हावाको अनुकूल बहाव फेला नपरेसम्म यता र उति उडेर परीक्षण गर्ने गरेका पनि हुन सक्छन् । अघिल्लोले पखेटामुन्तिर हान्दा हावा निस्किन्छ । त्यस बेला पछिल्लोको पखेटा माथि हुन्छ । उसले त्यो हावा लिन्छ । अर्थात् त्यो हावामा पखेटा हानेर मुनितिर झार्छ । अघिल्लोले माथि हान्दा पछिल्लोले मुन्तिर हानेको हुन्छ र त्यो हावामा पनि उसका पखेटा त्यसैगरी ताल मिल्छन् ।

बसाइँसराइमा उड्ने चराको (वा अरूको पनि) उडान कस्तो हुन्छ भने चराले पखेटा हान्दा हावा तल जानुपर्छ । त्यसपछि अर्को पटक पखेटा हान्दा ऊ उचालिन्छ । यसलाई बुझ्न डटपेनको सुइरो अड्काउने स्प्रिङलाई सम्झिए सजिलो हुन्छ । त्यसको स्प्रिङ तल र माथि उठेको र दबेको हुन्छ । चरा उड्दा पनि उसको पखेटा त्यसैगरी तल र माथि हुन्छ । हावा पनि त्यसैगरी निस्किन्छ । त्यसैले चरा उड्दा उसले हानेको पखेटा डटपेनको स्प्रिङ जसरी उठ्ने र दब्ने गर्छ ।

चराहरू ठूलो समूहमा कुनै बाटो राम्रो चिन्ने हुन्छन्, कुनै बलिया, कुनै दिशानिर्देशनमा अनुभवी त, कुनै शत्रु पहिचान गर्न चनाखा हुन्छन् । त्यसैले कुन, कस्तो मौसम र कस्तो क्षेत्रमा उड्ने हो, त्यहीअनुसार टोली प्रमुख छान्छन् । यो सबै निश्चित गरेर टोली प्रमुख चुन्न वा छान्न चराहरू करिब ४५ मिनेट यताउति छरिएर उडिरहेका हुन्छन् । त्यसपछि पेलिकन, कन्याङकुरूङ, भुँडीफोर, खोया हाँसलगायत भी आकारमा उड्ने अन्य चराले भी आकार लिन्छन् ।

वैज्ञानिकहरू अर्को तथ्य देखेर पनि छक्कै परे । हाँसहरूले त्यत्रा हिमाल एकै दिन पार गर्ने रहेछन् । यति अग्लो हिमाल एकै दिन नाघ्न खोया हाँसले १० देखि २० गुणा अक्सिजनको प्रयोग बढाउनुपर्ने रहेछ । ठूला पखेटा, ठूलै फोक्सो, उड्न मुख्य भूमिका खेल्ने मांसपेशीको वरिपरि बाक्लो संयन्त्र हुन्छ । फोक्सोमा अक्सिजनलाई राम्रोसित पठाउने हेमोग्लोबिनको मात्रा जसले चराको श्वासप्रश्वासलाई राम्रोसित सञ्चार गराउँछ । त्यसले उडानमा मुख्य भूमिका खेल्ने मांसपेशीलाई पनि तगडा राख्छ । यी सबैका कारण खोया हाँस यसरी उड्न सकेका हुन् ।

फिरन्ते चराबाट बर्डफ्लु कम

बेला बेला बर्डफ्लुको त्रास फैलिरहन्छ । त्यो देखिएपछि धेरै देशका सरकारले बर्डफ्लु नियन्त्रण गर्न घरपालुवा पन्छी भकाभक मार्न थाल्छन् । नेपाल धेरै देशका पाहुना पन्छीहरूका लागि योग्य भूमि हो । विभिन्न देशबाट नेपालमा फिरन्तेका रूपमा आएका पन्छीबाट त्यो रोग घरपालुवा पन्छीमा सर्न सक्ने भन्दै विज्ञको हवाला दिएर सञ्चारमाध्यमले सार्वजनिक गरिदिन्छन् । त्यसपछि निर्दोष पन्छीहरूको हत्या सुरू हुन्छ । तर वैज्ञानिक तथ्य, खोज, अनुसन्धान र फेला परेका घटनाबाट के पत्ता लागेको छ भने, बसाइँसराइ गरेर आउने पन्छीहरूबाट बर्डफ्लु फैलिने खतरा न्यून छ ।

सन् २००६ मा क्यामरून, भारत, इजिप्ट, इजरायल, जोर्डन, नाइजेरिया, पाकिस्तान र

लाओसमा देखिएको बर्डफ्लु कुखुरा फार्मबाट निस्किएको थियो । त्यसपछि सन् २००७ मा हङ्गेरी, दक्षिण कोरिया, जापान, बेलायत र थाइल्यान्डमा देखिएको बर्डफ्लु पनि कुखुरापालन फार्मबाटै फैलिएको हो । सन् २००९ मा चीन र नेपालमा पनि कुखुरापालन फार्मबाटै देखापरेको हो । सन् २००६ मा यो रोग लागेका केही जङ्गली चरा हङकङमा मानव बस्तीको छेउमा फेला परेका थिए । त्यति बेला यसैलाई आधार बनाएर केही मानिसले बसाइँ सर्ने चराबाट सरेको भन्ने गलत सन्देश फैलाए । तर त्यहाँ यी चरालाई धार्मिक कारणले छाड्न लगिएको र घरपालुवा पन्छीबाट सरेको तथ्य पछि पत्ता लागेको थियो ।

बर्डफ्लु जहाँ जहाँ देखापऱ्यो, त्यहाँ घरपालुवा पन्छीबाटै सुरू भएको देखिएको छ । त्यो तीव्र रूपमा फैलिएको पाइन्छ । यसरी फैलिएको ठाउँमा कहीँ पनि बसाइँ सर्ने चराको आगमनसँग मेल खाएको छैन । यो तथ्यले पनि फिरन्ते चराबाट यो रोग हतपत फैलिन्न भन्ने कुरालाई नै बल मिल्छ ।

सन् २००५ को ग्रीष्म ऋतुमा चीनको काङ्घायु तालमा बर्डफ्लु लागेका केही जङ्गली खोया हाँस फेलापरेका थिए । तर त्यो बेला बर्डफ्लु यी जङ्गली हाँसले नफैलाएको किन पुष्टि हुन्छ भने, यी हाँस एसियामा अक्टोबरतिरबाट त्यहाँ पुग्छन् । मार्च लाग्दा फर्किन्छन् । बर्डफ्लु सङ्क्रमित घरपालुवा हाँस र जङ्गली हाँस एउटै तालमा पौडी खेल्दा जङ्गली हाँसमा सरेको वर्ड लाइफ इन्टरनेसलका वैज्ञानिकले पत्ता लगाए ।

सन् २००५ सम्म पनि यो रोग एसियाली मुलुकमा मात्रै पाइएको थियो । त्यो भँगेरा, लामपुच्छ्रे, बकुल्ला र चिलमा पाइएको थियो । यी जङ्गली भए तापनि मानवीय क्रियाकलाप वरिपरि रमाउने चरा हुन् । मानव बस्ती र त्यसको वरिपरिबाट आहारा खान्छन् । त्यहीँ रमाउँछन् । कुखुरापालन वरिपरि गएर मासु टिप्ने चरा हुन् । यीमाथि त्यो रोग घरपालुवा चराकै सङ्क्रमणबाट भएको विश्वास वैज्ञानिकहरूले गर्दै आएका छन् । प्रयोगशालामा गरिएको वैज्ञानिक अनुसन्धानबाट के पत्ता लागेको छ भने, जङ्गली चराको अनुपातमा घरपालुवा चराहरूलाई त्यस्तो रोग लाग्ने बढी खतरा हुन्छ । जङ्गली चराहरूमा त्यस्ता फ्लु सङ्क्रमित हुने आनुवंशिकी (जिन) का खण्डित मात्रा कम हुन्छन् । जङ्गली चराहरूबाट सर्नै सक्दैनन् त भन्न सकिन्न । तर सम्भावना न्यून हुन्छ ।

अर्को कारण के हो भने, प्रकृतिमा चरा निकै छरिएका हुन्छन् । त्यसरी छरिएका हुनाले अर्को चरामा नसर्दै प्रायः सङ्क्रमित चरा मरिसकेका हुन्छन् । यो रोग एकदम निरोगी चरामा सर्ने सम्भावना पनि कम हुन्छ । जङ्गली चराहरू घरपालुवाभन्दा सयौं गुणा बलिया र स्वस्थ पनि हुन्छन् । किनभने प्रकृतिमा आहारा लिने चराको आहारामा पौष्टिक तत्त्व बढी, ताजा र रोगनिरोधक क्षमता बढी हुन्छ । प्रकृतिमा अनेक

कठिन वातावरणसित लड्दै र जुध्दै बाँच्ने हुनाले तिनको शरीर बढी कठोर र रोग पचाउने क्षमताको हुन्छ । नेपाललगायत एसियाका अन्य मुलुकमा घरपालुवा पन्छी निकै बाक्लोसित राखिएका हुनाले पनि घरपालुवा चरामा यो फ्लु सर्ने र फैलिने सम्भावना बढी हुन्छ । त्यसैले यो रोग पहिलो पटक दक्षिणी चीनको ग्वाङगोङ प्रान्तमा घरपालुवा हाँस (गिज) मै फेला परेको थियो ।

जङ्गली चराबाट सर्ने हो भने, यो रोग नेपाल, भारत र चीनमा मात्रै किन ? यी बसाइँ सर्ने युरोपका सबैजसो मुलुक, अफ्रिका, साइबेरिया र आसपासका देशमा पनि फैलिनुपर्छ । बसाइँ सर्ने चराहरू एकै दिनमा सयौं किमि यात्रा गर्छन् । दिनमा तिनले ठाउँठाउँमा विश्राम लिन्छन् । बसाइँ सर्ने चराबाट फैलिने हो भने तिनले विश्राम गरेका सयौं देशमा फैलिने थियो । नेपाल, भारतलगायत दक्षिणपूर्वी एसियाकै प्रसङ्ग उल्लेख गर्ने हो भने पनि बसाइँ सरेर पानीहाँस अक्टोबरमा नेपाल पुगिसक्छन् । ती हाँस गर्मीयामको आगमनसँगै मार्चमा फर्किसक्छन् । त्यसैले लामो दूरीको बसाइँ सर्ने पानीहाँसबाट सर्ने हो भने, तिनले यो रोग अक्टोबर, नोभेम्बरमै सारिसक्नुपर्छ ।

वास्तविकता के हो भने, जीवित घरपालुवा पन्छी, त्यसबाट तयार पारिएको मासु, फुललगायत तीसँग सम्बन्धित अन्य खाद्यपदार्थबाट यो रोग सर्छ । मेडिटेरानियन सामुद्रिक क्षेत्रीय सिमसार संरक्षणका लागि अनुसन्धान गर्ने तथा वंशानुगत र जीवजन्तुको क्रमिक विकाससँग सम्बन्धित रोगहरूको अनुसन्धान गर्ने फ्रान्सेली वैज्ञानिकले पनि यही तथ्य सार्वजनिक गरेका थिए ।

घरपालुवा पन्छी व्यापारका लागि ओसारपसार गर्दा त्यहीँबाट यो रोग कुखुरा र अन्य चरामा सरेको हुन सक्ने वैज्ञानिकको आशङ्का छ । जङ्गली चरासँगको कुनै सम्बन्ध र संसर्गबिनै त्यही बेलादेखि घरपालुवा पन्छी ओसारपसार गर्दा र रोगले पनि आफूलाई क्रमिक विकास अनि विस्तार गर्दै लगेको हुन सक्ने वैज्ञानिकहरूको अनुमान छ ।

यो नयाँ रोग हुनाले गहिरो अध्ययन हुन बाँकी नै छ । तर वैज्ञानिकहरूले के आशङ्का गरेका छन् भने, यस्तो भाइरलबाट सङ्क्रमित पन्छीका बिस्टामा रोगका ससाना कणिका सुषुप्त अवस्थामा हुन सक्छन् । ती केही समयसम्म सक्रिय नहुन सक्छन् । त्यही मल माछापोखरी वा सागपात र अन्नबालीमा छर्दा त्यसका कीटाणुलाई फैलिने अवसर हुन्छ । त्यसरी खेतबारीमा छरिएको मल फेरि कुलो र नहर हुँदै बगेर विभिन्न ठाउँमा पुग्छ । यसबारे छुट्टै गहिरो अनुसन्धान भएको छैन । यसरी फैलिन सक्ने सम्भावनालाई भने वैज्ञानिकले औंल्याएका छन् । कहिलेकाहीँ सङ्क्रमित भइसकेको पानी, मल, माटो, झ्याँस, पतिङ्गर ओसारपसार गर्दा र जुत्ता, कपडाबाट पनि सर्न सक्छ ।

संयुक्त राष्ट्रसङ्घको कृषि तथा खाद्य सङ्घका अनुसार सङ्क्रमित कुखुरा, अनुपयुक्त आहारा, राम्रो उपचार विधि, प्रयोगबिनाका मललगायत सामग्री, फुल ओसार्न प्रयोग गरिने फोहोर तथा गुणस्तरहीन क्रेट, जगली चरा पक्रेर व्यापारका लागि स्थानान्तरण र जङ्गली चराको ओहोरदोहोरले यो रोग सर्छ । सङ्क्रमित कुखुराको मल कृषि क्षेत्र, सुँगुर र माछापालनमा प्रयोग भइसकेको अवस्थामा त्यसबाट पनि फैलिन सक्ने सम्भावनालाई सङ्घले रोग सङ्क्रमणको उच्च जोखिम मानेको छ । त्यसको थप अध्ययन हुनुपर्ने खाँचो औंल्याएको छ ।

फेरि बर्डफ्लु सीधै मानिसमा सर्ने सम्भावना यसै पनि जङ्गली चराबाट निकै कम हुन्छ । एक त ती मानव बस्तीबाट टाढा बस्छन् । अर्को तिनको निकट नपुग्दै ती उडेर भाग्छन् । त्यसैले मानिसमा सरे पनि यो घरपालुवा पन्छीहरूबाटै सर्छ ।

सन् १९९६ मा पहिलो पटक एसियामा यो रोग फेलापरेदेखि अहिलेसम्म सधैं घरपालुवा पन्छीहरूमा मात्रै देखापर्दै आएको छ । त्यो बेलादेखि अहिलेसम्म एसिया, युरोप र अफ्रिकाका थुप्रै मुलुकमा हजारौं जङ्गली चराको परीक्षण गरियो । तर अहिलेसम्म कुनै पनि त्यसरी लामो दूरीको यात्रा गर्ने जङ्गली चरामा यो देखापरेको निर्क्योल भएको छैन । यो रोग लागिसकेपछि त्यो चराले लामो यात्रा गर्न सक्ने सम्भावना झनै न्यून हुनाले पनि अन्य देशबाट बसाइँ सर्दै नेपाल पुग्ने चरामा यो रोग हुने सम्भावना झनै कम छ ।

यो रोग सर्ने मुख्य माध्यम नै जिउँदा घरपालुवा पन्छी र फुल तथा मासुबाट हो । पन्छी व्यापार विश्वभरि नै ठूलो छ । इजिप्टमा त्यो रोग फैलिनुपूर्व १८ करोड फुल बाहिरबाट ल्याइएको थियो । प्रत्येक वर्ष पाँच लाख कुखुरा भित्र्याइन्थ्यो । सन् २००४ मा युक्रेनमा १२ करोड कुखुराका चल्ला ल्याइएको थियो, जुन वर्ष त्यहाँ बर्डफ्लु फेलापरेको थियो । यसरी अहिलेसम्म भएका कुनै पनि तथ्यतथ्याङ्क, वैज्ञानिक अध्ययन र प्रयोगशालामा भएका अनुसन्धानबाट लामो दूरीको बसाइँ सरेर आउने चराले यो रोग सारेको देखिएको छैन ।

सरकारले खासगरी भेटेरिनरीसम्बन्धी सूचना साझेदारी, आदानप्रदान, चिकित्सकीय जानकारी, कृषि र जीवशास्त्रीय जानकारी सबैतिरबाट आदानप्रदान र साझेदारी गर्नुपर्छ । सन्तुलित तथ्यपूर्ण सार्वजनिक सूचना प्रवाह नगरे पाहुना पन्छीहरू अकालमा मारिन्छन् । त्यसले प्रकृतिमा अर्को विपत्ति निम्त्याउन सक्छ । जैविक सुरक्षालाई कडा पारिनुपर्छ । कुखुरापालन फार्ममा कुखुरा राख्ने ठाउँ, दानापानीको स्तर र मललाई निगरानी गरेर स्वस्थ स्तर कायम राख्नुपर्छ । रोग देखापरेपछि वरिपरिका पाल्तु र जङ्गली चराको पनि यथार्थ जैविक जानकारी लिनुपर्छ । बसाइँ सर्ने चरा कुनै बेलामा हावा, हुरी, असिनापानी, आँधीबेहरीलगायत अन्य कारणले पनि मर्छन् । त्यसैले जङ्गली चरा मरेको देख्नासाथ लौ रोग लागेर मरे भन्दै कुर्लिनु उचित हुँदैन ।

बसाइँसराइ गरेर हाम्रो गाउँघर आउने चरा हाम्रा सर्वोच्च हिमाल आरोहण गरेर आउने पर्वतारोही झैं थाकेर आएका हुन्छन् । त्यस्ता चरा नेपालमा केही दिन आराम गरेर थकाइ मेट्न र आहारा टिप्न मात्रै रोकिएका हुन सक्छन् । बसाइँ सर्ने चरामध्ये अहिले झन्डै ४० प्रतिशत मानवीय अतिक्रमणबाट प्रभावित छन् । तिनमाथि बासस्थान र आहाराको सङ्कट बर्सेनि थपिँदो छ । तीमध्ये थुप्रै प्रजातिका त सङ्कटापन्न अवस्थामा छन् ।

नेपालले त्यस्ता सङ्कटापन्न जीवजन्तु संरक्षणको राष्ट्रिय र अन्तर्राष्ट्रिय कानुनमा समेत सहमति जनाएकाले पनि बिनातथ्य र वैज्ञानिक प्रमाणबिना बसाइँसराइ गरेर आउने चरामाथि हानि पुऱ्याउनु लोपोन्मुख जीवजन्तु संरक्षणमा अन्तर्राष्ट्रिय प्रतिबद्धता प्रतिकूल ठहरिनेछ ।

विमानलाई हार खुवाउँछन् चरा

मानिसले चरा उडेको देखेर विमान बनाए । मानिसले बनाएका विमान असाध्यै आधुनिक भनिन्छ । जतिसुकै आधुनिक बनाए पनि मानिसले बनाएका विमान कतै नरोकिई (नन स्टप) कति घण्टा उड्न सक्छन् ? कति दिन उड्लान् ? असाध्यै आधुनिक भनिने विमान अहिलेसम्म ८२ घण्टासम्म मात्रै आकाशमा लगातार (नन स्टप) उडेको पाइएको छ । तर चरा ? लगातार आठ दिनसम्म उडेको उड्यै गरेको तथ्य पत्ता लाग्यो ।

बार टेल्ड गडविट भनिने पानीचरा आफ्नो बसाइँसराइका क्रममा कहीँकतै पनि नरोकिईकनै लगातार आठ दिनसम्म उड्ने रहेछ । यो चरा वर्षमा दुई पटक लामो यात्रा गर्छ । अमेरिकाको

अलास्कादेखि न्युजिल्यान्डसम्म यात्रा गर्दा उसले छ हजार आठ सय ३५ माइल पार गर्छ । हरेक जाडोयाम अलास्काबाट गएर न्युजिल्यान्डमा बिताउँछ । त्यति नै दूरी पार गरेर गर्मीयाममा फेरि अलास्का नै फर्किन्छ । यो चराले न आठ दिनसम्म कुनै आहारा खान कतै रोकिन्छ, न त आरामका लागि नै कतै सुस्ताउँछ । अहिलेसम्मको वैज्ञानिक खोजअनुसार बसाइँ सर्ने चरामध्ये अन्य चराले यसको आधा मात्रै दूरी पार गरेको पाइएको छ ।

अहिलेसम्म सबैभन्दा लामो उडान गरेको किनिक्ट जिफर भनिने सौर्यशक्तिबाट चल्ने विमान हो । यो विमान साढे तीन दिन मात्रै आकाशमा रहन सक्छ । चरा भने यसरी आठ दिनसम्म आकाशमा निरन्तर उडिरहन सक्नुको कारण के होला ?

यो चराले लामो यात्राका क्रममा प्रतिघण्टा आफ्नो शारीरिक तौलको शून्य दशमलव ४१ प्रतिशतका दरले मात्रै इन्धन (चराको इन्धन भनेको उसको शरीरमा जम्मा भएको बोसो हो) खर्च गर्छ । यो अरू बसाइँ सर्ने चराको तुलनामा असाध्यै कम हो ।

त्यसरी उड्न सक्नुको कारण के भने यो चराको शारीरिक बनावट एरोडाइनेमिक (हावामा उड्नका लागि अनुकूल) तरिकाले बनेको हुन्छ, जसले गर्दा यसले हावालाई सजिलै पचाउन सक्छ । आफ्नो अनुकूल पार्न सक्छ । बोसो र प्रोटिनलाई बसाइँ सर्नुअघि उसले सञ्चय गरेर राख्छ । अरू चरा र जीवको तुलनामा बार टेल्ड गडविट यसै पनि छिटो उड्ने चरा हो ।

यसबारे धेरै प्रश्न र जिज्ञासा रहने गरेका छन् । किनभने यो चरा कहिल्यै उडानका क्रममा हावामा हराउने गर्दैन । वैज्ञानिकले के विश्वास गरेका छन् भने, यो चराको शरीरभित्र एउटा दिशासूचक (कम्पास) हुन्छ, जसले पृथ्वीको गुरूत्वाकर्षणलाई ग्रहण गर्न सक्छ । त्यसलाई उसले बसाइँसराइका क्रममा एउटा आधार बनाउँछ । त्यसबाट सूचना लिएर बसाइँसराइका क्रममा मार्ग पत्ता लगाउँछ ।

चरा र विमान दुर्घटनाको मिथक

"विमानमा चरा ठोकिएको हो कि विमान चरामा गएर ठोकिएको ?"

विमानमा चरा ठोकिएपछि केहीले यस्तो प्रतिक्रिया पनि जनाउने गरेका छन् । वास्तवमै यो तर्क मननीय पनि छ । किनभने सात लाख वर्षअघिदेखि वा मानव इतिहास सुरू हुनुअघिदेखि अस्तित्वमा रहेका चराको अधिकार आकाशमा बढी लाग्छ कि मानिसको ?

चरा उत्पत्तिकालदेखि स्वतन्त्र रूपमा आकाशमा उड्दै आएका हुन् । तिनको स्वतन्त्र मार्गमा निरन्तर रूपमा विमानहरूको भीडले दखल पुऱ्याउन थालेपछि चराहरू ठोक्किन थाले । मानव बस्तीमा, मान्छेका घरदैलामा, मान्छेका ओछ्यानमा

आएर चराले दखल दिएको नभएर चरा उड्ने आकाशमा मानिसले विमान उडाउन थालेपछि यस्तो समस्या देखिएको हो । त्यसैले चरा विमानमा ठोकिएको भन्नुभन्दा विमान चरामा ठोकिन पुगेको हो भन्ने तर्क बढी मनासिब छ । तैपनि प्रश्न उठ्छ, विमानलाई चरा ठोकिनबाट जोगाउन सकिन्छ कि सकिन्न ? अवश्यै सकिन्छ । तर त्योभन्दा पहिले किन ठोकिन्छन् ? चराको आनीबानीबारे केही जानकार हुनैपर्छ ।

धेरैले भन्छन्– काठमाडौंस्थित त्रिभुवन अन्तर्राष्ट्रिय विमानस्थलमा किन चरा ठोकिएको ठोकियै गर्ने !

हामी अपवाद भने होइनौं । हाम्रोमा भन्दा पश्चिमी सम्पन्न मुलुकमा अझ बढी चरा ठोकिने विमानस्थल छन् । अमेरिकाको ओहियो विमानस्थल पनि उस्तै गरी चराको आक्रमणमा पर्ने गर्छ । त्यहाँको विमानस्थलमा सरकारले केही चराविद् नै नियुक्त गरेको छ । तिनको काम चराबाट विमानलाई कसरी जोगाउने भन्ने सुझाव दिनु, अध्ययन र अनुसन्धान गर्नु हो । त्यहाँ सन् २००९ को जनवरी १५ का दिन एउटा विमान दुर्घटना भयो । त्यो विमान गएर हडसन नदीमा खस्यो । अधिकारीहरूले चरामा ठोकिएर खसेको विश्वास गरे । उनीहरूले यो सहरमा चराको समस्या बढ्दै गएको पनि उल्लेख गरेका छन् । ओहियोबाहेक बेलायतको हिथ्रो विमानस्थल, इजरायलको तेलअभिबस्थित सुआरेज अन्तर्राष्ट्रिय विमानस्थल केही यस्ता उदाहरण हुन्, जहाँ विमान उडाउँदा चरा ठोकिने भय ज्यादै छ । ती विमानस्थलमा पटक पटक चरा ठोकिइसकेका पनि छन् ।

चरा ठोकिनुको मुख्य कारण

प्राकृतिक छनोटको सिद्धान्त भनेको के हो ? हो, यसले पनि विमानमा चरा ठोकिनु र नठोकिनुमा धेरै फरक पार्छ । प्राकृतिक छनोटको सिद्धान्तले चरालाई सिकाएको हुन्छ, चराहरूले आफ्नो प्रिडेटर (शत्रु जीव वा चरा खाने मांसाहारी चरा, जीव) बाट बच्न अन्तिम समयसम्म प्रतीक्षा गर्छन् । अथवा प्रिडेटरले आक्रमण गर्ने अन्तिम बेलासम्म कुर्छन् । यस्तो किन गर्छन् ? किनकि पहिला नै ती हलचल गरे, भाग्न, तर्किन खोजे भने प्रिडेटरले त्यहीअनुसार तयारी गर्छ । मांसाहारी चराले त्यसैगरी मोडिएर पत्रन्छ ।

आजकालका विमान एकदम छिटो र शान्तसित उड्ने भएकाले धेरै चराले ती विमानलाई 'प्रिडेटर'का रूपमा लिन्छन् । विमान नजिक आइपुग्दा तीसित तर्किने, मोडिने समय नै हुन्न । त्यसैले ती तर्किन खोज्दाखोज्दै गति तीव्र हुनाले ती विमानमा बज्रिहाल्छन् । औसतमा चरा बढीमा ४० देखि ५० किमि प्रतिघण्टाको गतिमा उड्ने गर्छन् । यो गतिमा उड्ने उनीहरूले शत्रुसित बच्न जानेका, तयारी गर्न जानेका हुन्छन् । तर चारपाँच सय प्रतिघण्टाको गतिमा उड्ने विमानको आकलन चराले कसरी गर्ने ? विमानमा चरा ठोकिनुको मूल कारण नै यही हो ।

अर्को कारण सारौं, मैना, चिबे, काग, गिद्ध र चिल मानव क्रियाकलापसँगै बस्न बानी पर्दै गएका छन् । आकाशमा कुनै वास्ता नगरी स्वच्छन्द तरिकाले उडेका बेला तिनलाई सानो आवाजमा आएका विमानको ख्यालै हुन्न र ठोकिने गर्छन् ।

विमानस्थल केही चराका लागि सुरक्षित स्थल पनि हो । मानवीय क्रियाकलाप भइरहने हुनाले स्याल, वनबिरालोलगायत जीव परै बस्छन् । त्यसले गर्दा पनि चराले सुरक्षित महसुस गर्छन् । विमानस्थलवरिपरि घाँस हुनाले त्यहाँ मुसा, छुचुन्द्रा, माउसुली र अन्य कीरा पाइने हुँदा पनि चरा आकर्षित हुने गर्छन् ।

आकाश कसले ओगट्ने भनेर चरा र विमान दुवैको प्रतिस्पर्धा छ ! त्यही कारणले चरा र विमान ठोकिने गरेका हुन् । अमेरिकाको डिपार्टमेन्ट अफ एग्रिकल्चर्स वाइल्डलाइफ रिसर्च सेन्टरमा लामो अनुसन्धान गरेर सेवानिवृत्त भएका ६३ वर्षीय डोलबिरले विमानमा चरा ठोकिने जोखिम न्युयोर्क सहरमा पनि रहेको र त्यहाँका चरामा ठोकिएर विमान दुर्घटना भएपछि बल्ल अधिकारीहरूको आँखा खुल्ने चेतावनी दिएका छन् ।

अमेरिकाको क्लेभल्यान्ड हप्किन अन्तर्राष्ट्रिय विमानस्थल र बुर्के लिक फ्रन्ट विमानस्थल चराहरूको उडानबाट निकै प्रभावित छन् । त्यहाँ चरा र विमानलाई एकअर्कामा ठोकिनबाट बचाउन विभिन्न प्राविधिक तरिका अपनाइएको छ । सन् २००७ मा दुई लाख ३५ हजार पटक विमान उड्दा ओहियो विमानस्थलको विमानमा ८२ पटक चरा ठोकिएको थियो । तथ्याङ्कले के भन्छ भने, अमेरिकामा वार्षिक १० हजार पटक चरा र विमान ठोकिन्छन् । अमेरिकामा सन् १९९० देखि २००८ को बीचमा ८७ हजार पटक चरा ठोकिएको त्यहाँस्थित नागरिक उड्डयन विभागको तथ्याङ्क छ ।

बचाउका केही तरिका

- विमानस्थलवरिपरिका चरा पहिचान गर्ने, तिनको आनीबानी बुझ्ने विशेषज्ञ वा प्राविधिक नै अहिलेसम्म हाम्रो विमानस्थलमा छैनन् । यथाशक्य त्यस्ता केही विशेषज्ञ नियुक्त गरेर त्यहाँ चरा पहिचान गर्ने र मौसम, तिनको प्रजनन, बदलिँदो प्राकृतिक अवस्थाअनुसार ती कहिले, कसरी सक्रिय बन्छन् भन्ने सूचना दिने व्यक्ति हुनुपर्छ । त्यस्ता व्यक्तिले चराको सक्रियताबारे सूचना दिँदा विमान उडाउन सहज हुन्छ ।
- माथिसम्म जाने पानीका फोहोरा फाल्ने, विमान उड्नुअघि त्यो फोहोराले धपाउने । यसले चरालाई तर्साउने गर्छ ।
- आगोको ज्वाला हानिदिने, जुन अलि माथिसम्म पुग्छ ।
- चराहरूको दुःख, वेदना, पीर र रोदनले भरिएका चराकै आवाज सुनाइदिने । यसो गर्दा चरा भाग्छन् । तिनलाई यो ठाउँमा बसे दुःख दिन्छन् भन्ने पर्छ ।

- काग, परेवाहरूलाई लखेट्न बौँडाई, सिकारी चरा, बाजको पुत्ला राखिदिने । किनकि ती मांसाहारी चरा देख्नासाथ काग, परेवाहरूको सातो जान्छ र ती भाग्छन् । काग धपाउन चिबेको पुत्ला राखिदिए पनि हुन्छ ।
- बाजहरूलाई तालिम दिएर अरू चरा लखेट्न सकिन्छ । यो उतिबिघ्न धान्नै नसकिने महँगो पनि पर्दैन । अथवा विदेशबाट ल्याउन पनि सकिन्छ ।
- बन्दुकहरू पड्काएर पनि भगाउन सकिन्छ ।
- चराहरू बिहानको समयमा अलि बढी सक्रिय हुन्छन् । त्यसपछि सूर्यास्त हुनुअघि जब तातो हावा मडारिएर बहन्छ, हो त्यो बेला आकाशमा कावा खान बढी सक्रिय हुन्छन् । यो समयमा बढी ख्याल गरी सिकारी चरा लगाएर धपाउन पनि सकिन्छ ।
- चरालाई विमानस्थलबाट लखेट्ने होइन, तिनलाई विमानस्थल नै नआउने कसरी बनाउन सकिन्छ, यसको उपाय निकाल्नु जरूरी हुन्छ । विमानस्थल वरिपरि पानीका खाल्डा भए पुरिदिनुपर्छ । किनकि पानीले चरालाई आकर्षित गर्छ । गुँड लगाउन मिल्ने रूख राखिनुहुन्न । सम्म राख्नुभन्दा अग्लो घाँस भए अलि जाति हुन्छ । किनकि त्यस्तोमा चरा खासै आकर्षित हुँदैनन् ।
- चरालाई परै राख्ने अर्को उपाय हुन सक्छ, विमान उड्ने बेला अलि चर्को आवाज आउने कुनै यन्त्र राखिदिने । विमानमा अल्ट्रा भायोलेट किरण जडान गरिदिने, जसले गर्दा चराले परैबाट देख्छन् । परैबाट चिमिक्क चिमिक्क चम्किने प्रकाश जोडिदिनु पनि चरालाई सतर्क बनाउने उपाय हुन सक्छ ।
- विमानस्थलबाट उड्ने बेला विमानको अघिल्लो भागमा प्लास्टिकका केही बाज उडाउन सकिन्छ । त्यो देख्नासाथ अन्य चरा भाग्ने गर्छन् । लाग्न सक्छ, बाज नै ठोकिन आए के गर्ने ? बाज आक्रमण वा बसाइँसराइ गर्ने समयबाहेक हतपत त्यति धेरै उचाइमा जाँदैनन् । त्यसरी विमानमा ठोकिने पनि गर्दैनन् । किनकि यिनको ध्याउन्न अरू चरा वा जीव समात्ने र आरामले बस्नेमै हुन्छ । बाज कावा खाने चरा होइनन् । मुख्य कुरा के हो भने, चरालाई विमानस्थलबाट लखेट्नुभन्दा पनि विमानस्थल चराको बासस्थानका लागि अयोग्य कसरी बनाउने भन्ने सोचिनुपर्छ । आकाश चरा र विमान दुवैका लागि सुरक्षित रूपमा उड्ने थलो बनाइनुपर्छ ।

अनवरत २४ सय किमि

एउटा फाउन्टेन पेनको जति तौल भएको चरो हो फिस्टे । यति फुच्चे चरोले कहीँकतै एक पटक पनि नरोकिई, केही नखाई दुई हजार चार सय किमिभन्दा पनि बढी उड्न सक्छ भनेर पत्याउन मुस्किल पर्छ । तर वैज्ञानिकले त्यो तथ्य प्रमाणित गरिदिएका छन् । ब्ल्याकपोल वाब्लर नामक फिस्टे चराले त्यति लामो दूरी एकै खेपमा उडेर पूरा गर्दो रहेछ ।

अझ अपत्यारिलो लाग्ने त के भने, यो चराले दुईदेखि तीन दिनमै त्यति दूरी उड्दो रहेछ । यो थाहा पाउन उनीहरूले २० ओटा यस्ता फिस्टा समाते । अमेरिकाको उत्तरपूर्वी भाग भेरमोन्टमा २० र स्कटल्यान्डको नोभास्कोटियामा अर्को २० ओटाको शरीरमा जेओलोकेट प्याक (चरा कहाँकहाँ

गयो भनेर टाढैबाट अनुगमन गर्न सकिने भौगोलिक पहिचान र मापन गर्ने यन्त्र) जडान गरिदिए । ती चरालाई स्वतन्त्र छाडिदिए । पछि तीमध्ये नोभास्कोटियाबाट उडेका दुई ओटा र भेरमोन्टबाट उडेका तीन ओटा चरा समात्न सफल भए । ती चराको यात्राबारे अनुसन्धान गरे ।

वैज्ञानिकहरूले ५० वर्षअघिदेखि अनुमान चाहिँ गरेका थिए । हरेक ठन्डी मौसम सुरू हुने बेला जङ्गलको झाडीमा बस्ने, सानो ब्ल्याकपोल नामको चरा बसाइँ सर्छ । न्यू इङ्ग्ल्यान्ड र क्यानडाको पूर्वी भागबाट एटलान्टिक सागरको आकाशमाथिबाट सीधा उडेर दक्षिण अमेरिका जान्छ । तर तिनले हालसम्म प्रमाण फेलापार्न सकेका थिएनन् ।

अहिले वैज्ञानिकहरूको अन्तर्राष्ट्रिय टोलीले के प्रमाणित गरिदियो भने, यो चराले दुईदेखि तीन दिनभित्रैमा २४ सयदेखि २७ सय ७० किमि पार गरेर दक्षिण अमेरिकाको पुएर्तो रिको, क्युबा, दक्षिण अमेरिकाकै ग्रेट आन्टिलर्स टापुमा पुगेर मात्रै रोकिँदो रहेछ । त्यसपछि यो चरा फेरि उडेर भेनेजुएला र कोलम्बियासम्म पुग्दो रहेछ । साना गीत गाउने चरा (सङ बर्ड्स) को समूहमै कतै नरोकिईकन यति लामो दूरी उडेको पत्ता लागेको विश्वमै यो पहिलो अभिलेख र प्रमाण हो ।

यी क्षेत्रबाट बसाइँ त अरू चरा अल्बात्रोस, स्यान्डपाइपर र फ्यालफ्याले पनि सर्छन् । तर यिनले उडानका क्रममा समुद्री बाटो नलिएर जल र स्थल दुवै भएको बाटो रोज्छन् । ब्ल्याकपोल वाब्लर चाहिँ यस्तो प्रजाति देखापर्‍यो, जसले पानी नै पानीको मार्ग छान्दो रहेछ । यस परिवारका ज्यादै कम चराले मात्रै यस्तो घातक मार्ग रोजेको पाइएको छ । किनभने पानी नै पानीमाथि उड्दा न केही खान पाइन्छ, न आराम गर्न पाइन्छ । आँधी र कुनै वातावरणीय खराबी भए तत्कालै ज्यान जान्छ । जोगिने उपाय नै हुन्न ।

यो चराको तौल जम्मा १२ ग्राम हुन्छ । अर्थात् १२ ओटा भिजिटिङ कार्डको तौल जति हुन्छ । ज्यादै सानो भएकाले यसको उडानको जानकारी अद्यावधिक गर्न पनि ज्यादा गह्रौं भएर वैज्ञानिकहरूले राडार र जमिनबाट अवलोकनलाई आधार बनाएका थिए । समातेर छाडिएका चरामा पहिचानका लागि साना ट्याग मात्रै लगाइएको थियो ।

यो उडान गर्नुपहिले यी चराले सकेसम्म धेरै खाएर शरीरमा बोसोको मात्रा बढाए । यो बेला शरीरको पहिलेको तौलभन्दा झन्डै दोब्बर हुने रहेछ । उडानका बेला यही बोसोलाई आहाराका रूपमा प्रयोग गर्छन् । यसले शक्ति दिन्छ । खानाको काम गर्छ । रोकिएर अन्य आहार खाइरहनुपर्दैन ।

यी चराले यति धेरै लामो दूरी पार गर्ने भएकाले मर्ने कि पुग्ने भन्ने हो । कि जोखिम लिएर पुग्छन्, कि त समुद्रमै खसेर मर्छन् । अर्को विकल्प हुन्न । हरेक वर्ष अघिल्ला वर्षमा पुगेकै थलोको वरिपरि पुग्छन् । त्यहीँ बचेरा कोरल्छन् । तर असाध्यै जोखिमपूर्ण यात्रा भएकाले यात्रामा निस्केकामध्ये ५० प्रतिशत मात्रै सकुशल पुग्छन् । बाँकी बाटोमै मर्छन् ।

म्याराथनमा जानुअघि व्यायाम

तपाईं कुनै म्याराथन दौडमा जानु छ भने अघिल्लो दिन मात्रै भाग लिन्छु भनेर हुन्छ ? केही समयदेखि दौडको तालिम वा व्यायाम नगरी सकिन्छ ? सकिन्न । ठीक त्यस्तै हो, चराको म्याराथन पनि । अर्थात् लामो दूरीको बसाइमा निक्लिनुअघि चराले पनि व्यायाम नगरी उडे भने असफल हुन्छन् । त्यसैले अब यति समयपछि आफ्नो ठाउँ छाडेर अन्यत्र जानु छ भन्ने भएपछि पहिलेदेखि नै बसाइँ सर्ने चराहरूको व्यायामका लागि धमर्धुस चल्छ । कुन-कुन चराले कस्तो कस्तो खालको व्यायाम गर्छन् । कति समयअघिदेखि व्यायाम गर्न थाल्छन् भन्ने सबै प्रजातिको अनुसन्धान त भइसकेको छैन । तर बेर्नाकल गिज पानीहाँसबारे भने वैज्ञानिकहरूले

अलि गहिरो अध्ययन गरेका छन् । तर बसाइँसराइ गर्ने सबैजसो चराले केही न केही समय व्यायाम गर्छन् भन्ने चाहिँ सार्वजनिक भइसकेको छ ।

हामी म्याराथनमा जानुअघि खाना अड्कल्नुपर्छ । पानी कति पिउने ख्याल गर्नुपर्छ । गोडाका मांसपेशीलाई बलियो र दह्रो बनाउनुपर्छ । तिनलाई दह्रो बनाउन हरेक दिन व्यायाम चाहिन्छ । दिनदिनै अलिअलि गर्दै व्यायाम गर्दै जाँदा गोडाका मांसपेशी पनि दरिलो हुँदै आउँछन् । बसाइँ सर्ने चराका लागि पनि त्यस्तै हो ।

तिनले पनि बसाइँ सर्नुअघि केही समय थोरैथोरै गरेर हरेक दिन जस्तो उड्छन् । पखेटा बलियो पार्छन् । पखेटाका मांसपेशी तन्काउँछन् । खुला ठाउँ वा नदीछेउछाउ केही बेर हिँड्छन् । काम नलाग्ने, च्यातिएका, पुराना खस्ने बेला भएका प्वाँख र भुत्ला केलाउँछन् । दोब्रिएकालाई मिलाउँछन् । अनि मलद्वारमा सानो एउटा तेल ग्रन्थी हुन्छ । त्यसबाट तेल झिकेर प्वाँख र भुत्लामा घस्छन् । त्यसले प्वाँख र भुत्लालाई चिल्लो पार्छ । पानी ओत्छ । बलियो राख्छ । हावा छिर्नबाट बचाउँछ । शरीरलाई न्यानो राख्छ ।

कुनै-कुनै चराको व्यायाम खुला चौरमा हुन्छ । समूहमा जम्मा भएर तिनले व्यायाम गर्छन् । आहारा खान्छन् । व्यायाम पनि बिस्तारै थोरैथोरै उड्दै अकासिँदै गएर गर्छन् । सुरुमा कम गर्छन् । अलि पछि अलि बढाउँदै लैजान्छन् ।

आहारा टन्न खाएर बोसो जम्मा पार्छन् । किनकि चराको उडानमा इन्धन भनेकै बोसो हो । गाडीमा इन्धन हाले जस्तो जति धेरै बोसो भयो, त्यसले उति धेरैबेर आहाराको काम गर्छ । चराको शरीरमा पनि बोसोको मात्रा जाँच्ने आफ्नै कला र माध्यम हुन्छ ।

कुनै चरा गर्मी महिना त कुनै जाडोयाममा बसाइँ सर्छन् । जाडोयाम र छोटा दिनमा बसाइँ सर्ने हाँस, स्यान्डपाइपर, चिखा, खोया हाँसलगायत चराको हर्मोनमा बदली आउनाले ती चराको गाँड केही फराकिलो पारिदिन्छ । तिनले धेरै आहारा जम्मा पार्न सक्छन् । गाँड (गट) मा जति आहारा जम्मा भयो, उति तिनको शरीरमा बोसो सञ्चित हुन्छ । लामो र कठिन क्षेत्रमा उड्नु छ भने तिनले पहिले नै व्यायाम गरेर शरीरलाई छरितो राख्न खोज्छन् । स्यान्डपाइपर भन्ने चराहरूले बसाइँमा जानु दुई साताअघि अन्य बेलाको भन्दा दोब्बर बढी आहारा लिन्छन् । तिनको मांसपेशीले अक्सिजन पनि अझ राम्रोसित प्रवाह गर्छ ।

डा. स्टेभन पोर्चुगल ख्यातिप्राप्त पशुपन्छी चिकित्सक हुन् । उनले चराको बसाइँसराइपूर्वको दैनिक क्रियाकलापमा अनुसन्धान गरेका छन् । उनका अनुसार करिब २० देखि ३० मिनेटको व्यायामले यी बर्नाकल गिज भनिने चरालाई २५ सय किमि उड्न सहज हुन्छ । थरीथरी चराका अलगअलग तरिका र समय हुन्छन् । तर बसाइँमा जानुअघि प्रायः सबै चराले व्यायाम चाहिँ थोरैधेरै गरेकै हुन्छन् ।

भाले सुन्दरताको राज

केटीहरूको रोजाइमा दयालु, मिहिनेती, साहसी र संवेदनशील केटो पर्छ । बौद्धिक, जिम्मेवार र समर्पित पनि भइदिए झन् सुनमा सुगन्ध भइहाल्यो । अर्थात् हेराइभन्दा असल व्यक्तित्वको केटो धेरैजसो महिलाका रोजाइमा पर्छन् । तर केही केटीहरू भने हेर्दा सफा चट्ट भएको, चटक्क शरीर मिलेको केटो देख्दा रहर गर्छन् । छातीमा रौं पलाएको सुन्दर केटो देखेपछि भुतुक्कै हुन्छन् । केटीहरूले नै त्यस्तै चाहेपछि केटाहरूले पनि लरक्क कपाल लर्काउने, शरीर चट्ट मिलाएर आकर्षक देखिने कोसिस गर्ने नै भए ।

यस्तो स्वभाव जीवजन्तुमा पनि लागु हुन्छ । त्यसैले धेरै जीवमा धेरैजसो भाले लामा जट्टा,

लामा पुच्छर, शिरबिन्दु, लामालामा सिङ र दाह्रा भएका हुन्छन् । चम्किला भुत्ला, सुरिलो कण्ठ, बाटुला ठूला आँखा, खुट्टामा ठेला, लामा जुँगा सुन्दर भालेका हतियार हुन् । यस्तो देखेपछि पोथी पनि लहसिन्छन् ।

वैज्ञानिकहरूका अनुसार ऋतुकालका बेला भाले मयूरले प्रजननका लागि निश्चित ठाउँ छान्छन् । पोथीहरूलाई आफूतिर तान्न भालेले सबै उपाय रच्छ । खुला ठाउँमा पातपतिङ्गर खुट्टाले चलाएर सफा गर्छ । त्यसैमा बसेर कराउँदै पोथीलाई बोलाउँछ । घुमीघुमी थरीथरीका नाच देखाउँछ । दायाँतिर घुम्छ । बायाँ फन्को मार्छ । पछिल्लो पुच्छर जुरूक्क उठाएर देखाउँछ । फनफनी नाचिदिन्छ । पोथीहरूले आफ्नो सुन्दरता देखेर रूचाऊन् भनी भालेहरूले सुन्दर प्वाँख फर्काईफर्काई नाचेर देखाउँछन् । ऋतुकालका बेला पोथीको ध्यान आफूतिर कसरी तान्ने भन्नेमा तिनको ध्याउन्न हुन्छ ।

पोथीहरू पनि के कम ? भालेले नाच देखाउनासाथ कहाँ दौडिन्छन् र ? सुरूमा त मतलबै नराखे झैं गर्छन् । भालेले उसको नाच हेरेको भेउ नपाओस् भनेर झाडीको छेल परीपरी हेर्छन् । लुकेर तिनका गीत सुन्छन् । भालेले बोलाउँदा पनि बेवास्ता गरे झैं बटारिएर हिँड्छन् । घुर्क्याउँछन् । भालेको नृत्य र स्वरको सही परीक्षण नगरेसम्म भालेलाई अब यसले पत्याई भन्ने भान नपरोस् । यो पोथीहरूको जुक्ति हो । पोथीहरूले सुरूमा भाउ खोज्छन् । पोथीको यो नाटक भालेलाई पनि जानकारी हुन्छ ।

पोथीहरूले भालेका थुप्रै नाच छानीछानी हेर्छन् । भाका सुन्छन् । आँखा वरिपरि हुने थोप्ला, खुट्टाका ठेला, शिरबिन्दु र धर्सा नियाली नियाली हेर्छन् । शरीरका हरेक थोप्ला र धर्साको पोथीले तारिफ गर्ने वा नरूचाउने हुन्छ । पोथीहरूको कडा परीक्षामा भालेहरू उत्तीर्ण हुन सक्नुपर्छ । नत्र ती भाले रूचाइन्नन् । धेरै भालेहरूको परीक्षा लिएपछि पोथीले अन्त्यमा ठूलो ठेला, लामो शिरबिन्दु, सुरिलो कण्ठ, लामो पुच्छर र चम्किला रङ भएका रबाफिला भाले छान्छन् । भालेका सुन्दर प्वाँख र लामो पुच्छर पोथीलाई हेर म कति सुन्दर, स्वस्थ र हट्टाकट्टा छु भनेर देखाउने प्रमाण हो ।

पोथीहरूले यसरी भालेको कडा परीक्षा लिनु व्यर्थ होइन । किनकि चम्किलो रङका भाले रूचाउनाले विकासको क्रमलाई त्यस्तै चम्किलो रङको छनोटतिर डोऱ्याउँछ । यसको अर्थ तिनबाट कोरलिने बच्चा पनि बढी आकर्षक हुन्छन् । लामो पुच्छर भएका भाले अझ दक्षसँग उड्छन् नै, ती सुन्दर पनि देखिन्छन् । यो पोथीका लागि महत्त्वपूर्ण हो । किनकि भालेको त्यो गुण पोथीले आफ्ना बचेरामा सार्छे । आकर्षक भाले रोज्ने पोथीका भाले बच्चा पनि आकर्षक नै हुन्छन् । ती आकर्षक बच्चाले भविष्यमा धेरै पोथीलाई आकर्षित गर्छन् । यस्ता भालेबाट जन्मिएका पोथीहरूसमेत बढी स्वस्थ र प्रजननमा बढी सफल हुन्छन् । सेक्सी (कामुक) भालेबाट कोरलिएका बच्चा पनि सेक्सी नै हुन्छन् । यसरी हरेक पुस्तामा लामो पुच्छर भएका भालेले धेरै पोथीलाई आकर्षित गर्छन् । केही सन्ततिसम्म यही तरिकाले भालेको पुच्छर लामो हुँदै जान्छ ।

पुच्छर लामो हुँदै जाँदा धेरै पोथी फेला पर्ने सम्भावना पनि बढ्दै जान्छ । यस्ता आभूषण धेरै हुने भाले स्वस्थ र बलिया हुनाले यिनले कम हुनेहरूलाई लडाइँमा पनि सजिलै पछार्छन् । यस्ता बलिया भालेसित बस्दा पोथीहरू सुरक्षित हुन्छन् । त्यसो त भालेका लामा सुन्दर प्वाँखहरू उसको प्रतिरोध प्रणालीसँग प्रत्यक्ष सरोकार राख्ने शक्तिको सङ्केत हो । तर एउटा प्रश्न के उठ्छ भने, के लामो पुच्छर र बाटुला ठूला आँखा यौनाकर्षणसित मात्रै सम्बन्धित होला ? अर्को सम्भावित कारण, लामो पुच्छर भएका भालेले धेरै समयसम्म सम्भोग गर्न सक्छन् । पोथीलाई सम्भोगमा भरपूर सन्तुष्ट राख्न सफल हुन्छन् । तिनीहरूबाट जन्मिएका बच्चा बढी सफलतापूर्वक बाँच्न सक्छन् । रोग कम लाग्छ । हट्टाकट्टा मानिसलाई ठन्डी याममा जाडो कम भए जस्तो यस्ता भाले कठिन वातावरणसँग सहज तरिकाले जिउन सक्छन् ।

अमेरिकाको न्युक्यासल विश्वविद्यालयका जीवशास्त्री मारो ओन प्याट्रीले एक हुल भाले मयूरका आँखाका धब्बा भालेकै पुच्छरका भुत्ला काटेर टालिदिइन् । अनि तिनलाई अन्य भाले र पोथीको हुलसँगै छाडियो । पोथीहरू आँखाको छेउमा धेरै धब्बा हुने भालेतिर बढी आकर्षित भए । अमेरिकाकै अरू केही वैज्ञानिकले केही भालेका प्वाँख काटिदिए । तिनलाई बुच्चो बनाएर छाडिदिँदा पोथीहरू त्यस्ता भालेतिर आकर्षित भएनन् ।

अर्को एउटा प्रश्न के पनि उठ्छ भने, मयूरको पुच्छर एकपछि अर्को पुस्तामा बढ्दै जाने भए कति समयसम्म लामो हुँदै जान्छ त ? सबै प्राणीले अर्को सन्ततिमा आफ्नो जिन सारेर आफ्नो वंश फैलाउन चाहन्छन् । आफ्नो सृष्टि नासिनबाट जोगाउने प्रयत्न प्रकृतिले पनि गरेको हुन्छ । त्यसैले निश्चित अवस्थाभन्दा लामो भएपछि त्यसले फाइदाभन्दा उसैको अस्तित्वलाई जोखिममा पार्ने हुँदा एउटा निश्चित बिन्दुमा पुगेर रोकिन्छ ।

हुन त यस्ता लामो पुच्छर हुनुमा फाइदै फाइदा मात्रै छैनन् । तिनका प्वाँख बर्सेनि झर्छन् । त्यो बाध्यता नै हो । प्वाँख उम्रिँदा भालेको धेरै शक्ति खर्च हुन्छ । झन् यस्तो लामो पुच्छर भएपछि शत्रुबाट लुक्न धेरै सुरक्षा अपनाउनुपर्छ । चम्किलो रङ, लामो पुच्छर टाढैबाट झ्वाट्टै देखिन्छ । रूखमै बस्दा पनि शत्रुले टाढैबाट समात्न सक्छन् । तर लामो पुच्छर र विलक्षण प्रदर्शन क्षतिका हिसाबले वैयक्तिक रूपमा महँगो भए पनि आफ्नो स्थानीय बासस्थानमा ती छिट्टै छरिएर त्यो घाटा वा जोखिमलाई पूर्ति गर्न सक्षम हुन्छन् । नत्र कम गुण भएका र जोखिम नलिनेहरू समय र शक्तिको मूल्य वहन गर्न नसकेर वंश फैलाउन अलि कम सफलता पाउँछन् । कि त तिनको वंश नै नासिएर जान्छ ।

भालेहरू किन सुन्दर हुन्छन् भन्ने विषयमा खोज र अनुसन्धान हुन थालेको निकै वर्षअघि हो । विश्वप्रसिद्ध वैज्ञानिक चार्ल्स डार्बिनले भनेका थिए, "मयूरका प्वाँखका

टुप्पामा आँखा जस्ता धब्बा हुनुको कारण यौनिक छनोट हो ।" पुच्छरको टुप्पो झिल्के भएर के फरक पर्ने होला यौनिक छनोटमा ? किनभने पोथीलाई चाहिने त पुच्छर होइन । उनको विचारमा यस्तो रङ भएका भाले यौनिक (सेक्सी) हुन्छन् । पोथीहरू सेक्सी भाले मन पराउँछन् । त्यस्ता भालेबाट गर्भ लिएर बचेरा कोरल्न चाहन्छन् । त्यसैले पोथीको आकर्षणमा पर्न तिनका प्वाँख झिल्के हुन्छन् ।

पोथीलाई आकर्षित गर्न भालेले लमतन्न पसारिएका पखेटालाई सर्लक्क फर्काएर पोथीलाई देखाउने गर्छन् । भालेको सम्मुख परेर निकट हुन थालेपछि भालेले नाचीनाची पखेटाको टुप्पोका आँखा जस्ता धब्बा जोड गरीगरी पोथीलाई देखाउँछ । भाले छान्ने बेला भएका पोथीहरूले त्यस्तो धब्बा कुन चाहिँ भालेको चम्किलो छ, सुन्दर छ भनेर घुमीघुमी हेर्ने हुनाले पनि भालेहरूले नाचीनाची पोथीलाई देखाउनुपर्छ । भालेहरू दायाँबायाँ, उफ्रीउफ्री, अघिपछि, फनफनी नाच्नुको मुख्य कारण नै त्यही हो ।

आँखा वरिपरि जुन भालेका छिर्का धेरै छन्, त्यस्ता भाले पोथीहरूसित सम्भोग गर्दा बढी तगडा र तन्दुरूस्त हुने रहेछन् । यौनको मामिलामा लत्रक्कै पर्ने, एक पटक सम्भोग गरेपछि सुस्ताउने र लोसे भाले पोथीहरूलाई फिटिक्कै मन पर्दैनन् । हृष्टपुष्ट, बलिया, खाइलाग्दा, यौनको मामिलामा पोथीले खोजे जसरी सन्तुष्टि दिन सक्ने र जाँगरिला भाले तिनको छनोटमा पर्छन् । भालेको पुच्छरको आँखा जस्तो धब्बा जुन चाहिँको बढी भयो, त्यसले बढी पटक यौनक्रिया गर्न सक्ने भएकाले पनि पोथीहरूले त्यस्तै भाले रूचाउने रहेछन् । फ्रान्सेली वैज्ञानिक र अनुसन्धानकर्मीको संस्था सिएनआरएसले करिब एक सय ५० ओटा भाले मयूरमा गरेको अनुसन्धानबाट निस्किएको तथ्य हो यो ।

उत्सुकता जाग्छ, पोथीहरू किन मधुर रङका हुन्छन् ? उनीहरूले फुल पारेर बचेरा हुर्काउनुपर्ने हुनाले ती चलायमान हुँदैनन् । झन् मयूर, तित्रा, बट्टाई, लुइँचे, कालिज जस्ता बहुपत्नी अँगाल्ने चरामा त भालेले सम्भोगको काम सकेपछि पोथी छाडेर हिँडिदिन्छन् । सम्भोग गरिसकेपछि तिनको स्वार्थ सकिन्छ । यस्ता जातिका पोथीहरूले बच्चा हुर्काउने सम्पूर्ण काम एक्लै गर्नुपर्छ । फुल पारेर बच्चा नहुर्काउन्जेल एउटै ठाउँमा बसिराख्नुपर्छ । पटक पटक आहारा खोज्न जाने र गुँडमा फर्किने गर्नुपर्छ । चम्किला रङ र लामो पुच्छर भए यिनीहरू शत्रुका आँखामा छिटो पर्छन् । त्यसैले तिनको रङ धमिलो खालको हुन्छ । वरिपरिको वातावरण, झारपात, बुट्यानसित मिल्दो रङ भएपछि तिनका शत्रु नजिकै पुग्दा पनि देख्दैनन् । कतिपय पोथीका त भएका चम्किला केही भुत्ला पनि प्रजननका बेला झर्छन् । त्यसैले प्रकृतिले नै पोथीहरूमा यस्तो गुण दिएको हुन्छ । सृष्टिलाई निरन्तरता दिने यो प्रकृतिकै नियम हो ।

बलात्कारबाट जोगिने उपाय

साँझमा बाहिर एक्लै निस्कन महिलाहरू डराउँछन् । एकलासको बाटो हिँड्नुपरे १० पटक सोच्नुपर्छ । वरिपरि बस्ती नभएको ठाउँ पार गर्नुपर्दा दाजुभाइ वा कोही भरपर्नेको साथ खोजिन्छ । पूरा विश्वास नभएका पुरूषसँग तर्केर हिँड्नैपर्छ । कतै बलात्कृत पो भइन्छ कि भन्ने डरले यस्ता अक्कल अपनाउनु महिलाहरूको बाध्यता हो । यस्तो क्रियाकलाप जीवजन्तुमा पनि हुन्छ ।

चाखलाग्दो पक्ष के छ भने, बलात्कृत हुनबाट बच्न जीवजन्तुहरूले झन् धेरै जुक्ति अपनाउँछन् । किनभने जीवजन्तुमा पोथीहरू अझ धेरै बलात्कृत हुन्छन् । आँखा झिमिक्क गर्न नपाउँदै पटक पटक बलात्कृत हुनुपर्छ ।

हुन त यौनाकाङ्क्षा जागेपछि वरिपरिका भालेमध्ये उपयुक्त भाले रोज्नु पोथीहरूको उत्तम बीज छान्ने एउटा गतिलो उपाय हो । बेलैमा एउटा भाले ओगटेर बस्नु अन्य भालेबाट बलात्कृत नहुने उपाय पनि हो । त्यसरी घरजम गरिहाले आफ्नै भालेले सुरक्षा दिन्छ । तर पोथीहरूले यो तरिका अपनाउन नपाउँदै बलात्कृत भए के गर्ने ?

यस्तो अवस्थामा इच्छाविपरीतको गर्भ रोक्ने अक्कल पनि हुन्छ पोथीहरूसित । बलात्कृत हुनबाट बच्ने पहिलो तरिका पोथीहरू आफूले नरूचाउने वा इच्छाविपरीतका भालेहरूको वरिपरि नै नदेखिनु हो । त्यस्ता हमलाकारी, जबर्जस्ती गर्ने भाले कुनकुन हुन् भन्ने धेरै पोथीले अनुमान लगाएका हुन्छन् । अघिल्ला वर्षहरूको तिनको अनुभवले पनि यही बताउँछ । हाउभाउले पनि सङ्केत गर्छ । तिनबाट छलिएर अर्कै बाटो हिँड्छन् । त्यस्ता भाले नजिक पर्दा पनि पोथीहरू बुर्कुसी मारेर भाग्छन्, जोगिन्छन् । पोथीहरूमा लौ बलात्कारी आयो भन्ने आतङ्क फैलिइहाल्छ ।

तर टाढा बस्दाबस्दै पनि बलात्कारीहरूले पोथीलाई झुक्याउँछन् । लुकीलुकी पोथीको नजिक पुग्छन् । दाउ हेरेर बस्ने बलात्कारी भालेहरूले पोथीलाई लखेटेर भुत्लामा अँठ्याउँछन् । न्याँकेर हलचल गर्नै नसक्ने बनाएपछि जबर्जस्ती गर्छन् । यस्तो अवस्थामा पोथी कसरी बच्ने ? पोथीसित यसको अक्कल नभएको भने होइन । त्यस्ता पोथीले कारूणिक स्वर निकालेर कराउँछन् ।

बलात्कृत भएँ, लौ न बचाऊ भन्ने सन्देश दिने पोथीहरूको स्वर अलग्गै हुन्छ । हारगुहार मागेको स्वर आफ्नो प्रेमी भाले भए उसलाई सुनाउने र नभए वरिपरिका अन्य बलियालाई सुनाउँछन् । यस्तो स्वर सुन्नासाथ पोथीको मूली भाले दगुर्दै आउँछ । बलात्कारको प्रयास गर्ने भालेलाई उसले तत्काल गलहत्याउँछ । प्रेमी भाले रहेनछ भने पनि वरिपरिका अन्य भाले आएर त्यो भालेको धुलाइ गर्छन् । किनभने आफूले नपाए पनि डाहा गर्ने भालेहरूले अरूले मौका लिएको देख्न सक्दैनन् ।

तर यो तरिकाले सधैं काम गर्छ भन्ने निश्चित हुँदैन । किनकि त्यस्ता भाले टाढा रहेछन् भने पोथीको वेदना नसुन्न सक्छन् । यस्तो बेला के गर्ने ? पोथीसँग यसबाट बच्ने शरीरभित्रै संयन्त्र पनि हुन्छ । यस्तो बेला त्यस्ता भालेले गुप्ताङ्गभित्र छाडेको वीर्यलाई पोथीले बाहिर फालिदिन्छे । कहिलेकाहीँ पोथीहरूले आफ्नो ढाडबाट भाले नओर्लिँदै यस्तो वीर्य तल फालिसकेका हुन्छन् । अर्थात् चराको गुप्ताङ्गको भित्री भागमा ढकनी जस्तो संयन्त्र हुन्छ, जसले भित्र जान दिने कि बाहिरी सतहबाटै मिल्काइदिने भन्ने निर्णय लिन सकिन्छ । सम्भवतः यो तरिका चराहरूमा मात्रै नभएर गाई, भैंसी, बाख्रा, घोडालगायत जनावरमा पनि लागु हुन्छ । किनभने गाउँघरमा यस्ता पाल्तु जनावरले पनि अलि कमजोर वा साना भालेहरूले सम्भोगको प्रयास गर्दा दौडिने, पुट्ठा दायाँबायाँ हल्लाएर भालेलाई आफ्नो शरीरमा अडिन नदिने र

खुट्टाले हान्ने गरेको प्रशस्त देखिन्छ । पोथीले सम्भोग गराउँदा नै कुन भालेको वीर्य डिम्बसम्म पुग्न दिने र कुन चाहिँको नदिने निर्णय आफ्नो प्रजननमार्गमै छेकबार गर्न सक्छे ।

कतिपय अवस्थामा जबर्जस्ती, करकाप र कुनै सङ्केतबिनै विभिन्न भालेको बीजको भिन्नता पोथीले थाहा पाउँछे । त्यो कसरी पत्ता लगाउँछे भन्ने चाहिँ रहस्यमय नै छ । वैज्ञानिकहरूका अनुसार यौनाङ्गको सतहमा वीर्य चलखेल गर्न थालेपछि पोथीको प्रजनन तन्तु (रिप्रोडक्टिभ टिस्यु) ले ती स्वीकार गर्न उपयुक्त छन् कि छैनन् भन्ने थाहा पाउँछ । भालेहरूको चाहना पनि पोथीहरूले आफ्नो वीर्य सकभर धेरै प्रयोग गरून् भन्ने हुन्छ । त्यसैले भालेहरूले सकभर धेरै वीर्य छाड्न खोज्छन् । धेरै वीर्य छाड्दा अन्य भालेले सम्भोग गरेको भए आफ्नो वीर्यले गर्भाधान गर्ने प्रक्रियामा जित्ला, आफ्नो बीउ छानिएला भन्ने सोच भालेहरूको हुन्छ ।

पोथी यौनाङ्गको वरिपरि तैरिने वीर्यमा फरकफरक खाले प्रोटिन हुन्छन् । त्यो वीर्यमा हुने प्रोटिन पोथीका लागि मानिसको हातका चक्र जस्तै हुन् । अर्थात् यस्तो प्रोटिन हरेक भालेका फरकफरक हुन्छन् । पोथी यौनाङ्गले तिनलाई स्पष्टसँग पढ्न सक्छन् । पोथीहरूले ती वीर्यबीचको भिन्नता ठ्याक्कै पत्ता लगाउँछन् । अर्थात् आफ्नो यौनाङ्गमा परेपछि कुन भालेको वीर्य कुन हो, कस्तो छ भन्ने अलग्गै छुट्याउन सक्छन् । भालेको लखेटाइबाट थाकेर भाग्न नसक्दा पोथी बाध्यताले भालेका अगाडि लम्पसार परिदिन्छे । त्यस्तो अवस्थामा भालेले जबर्जस्ती सम्भोग गरे पनि उसको वीर्यलाई अस्वीकार गर्ने यही अक्कल पोथीले प्रयोग गर्छे । त्यसैले पोथीलाई जबर्जस्ती गरेर सम्भोगको आनन्द लिए पनि आफ्नो वंश फैलाउने तिनको चाहना भने सधैं पूरा नहुन सक्छ ।

वैज्ञानिकहरू भन्छन्– यस्तो बाध्यकारी यौन सम्पर्कबाट गर्भ रोक्न भालेका शुक्रकीट रोकिदिने उपाय अन्य जनावर र जीवमा पनि हुनुपर्छ । तिनले पनि सायद कुखुराले जस्तै वीर्य पाखा लगाइदिन्छन् । अथवा ती जीवसँग ज्यादै जटिल (कम्प्लिकेटेड) प्रजननद्वार हुनुपर्छ, जसलाई तिनले पहिचान गरी भित्र जानै दिँदैनन् ।

जीवजन्तुहरूले बलात्कार गरेका कतिपय घटना हामीले देख्दा पनि थाहा नहुन सक्छ । मुढा, झाडी र करेसामा दगुरेको छेपारो देख्दा सामान्य लाग्छ । तर यिनको यौन जीवन असाध्यै रोचक छ । छेपाराहरूका भालेले पोथीलाई असाध्यै दुःख दिन्छन् । उसको इच्छाविपरीत यौनक्रिया जबर्जस्ती गर्छन् । लखेटेर हैरान पार्छन् । सताउँछन् । जुन मुढामा गयो, त्यही मुढामा गएर जिस्क्याउन थालिहाल्छन् । मन नहुँदा पनि पछाडि गएर कुकर्म सुरू गर्छन् ।

भालेहरू मात्तिएका बेला पोथीलाई ज्यान जोगाउन, सन्तोषले बस्न र निर्धक्कले खान पनि मुस्किल पर्छ । कति भालेले त अक्करमा पारेर बलात्कारै गर्न खोज्छन् ।

एउटा भालेसित मुस्किलले छलियो, जोगियो, अर्को निष्ठुरी आइपुग्छ । लेक आयर ड्र्यागन भन्ने छेपारामा अन्यमा भन्दा अझ धेरै बलात्कार हुन्छ । बलात्कृत हुनबाट बच्ने अक्कल र उपाय नभए अनिच्छुक भालेबाट बचेर गर्भ रोक्ने थरीथरीका अक्कल हुन सक्छन् ।

कतिपय पोथीले ऋतुकालका बेला भालेहरूले हतपत नचिनून् भनेर आफ्नो शरीरको रङ नै बदल्छन् । आफूलाई इच्छा लाग्दा सम्भावित भालेको खोजी आफैं गर्न चाहन्छन् ।

भालेबाटै हैरानी भोग्नुपर्दा कतिपय पोथीले आफ्नो ढाडलाई जमिन र पेटलाई आकाशतिर फर्काएर भुइँमा सुतिदिन्छन् । यसो गर्दा भालेहरू झुक्किन्छन् । किनभने भालेहरूले पोथीको पछिल्लो भाग राम्रोसित देखेका हुँदैनन् । भुइँमा उल्टोपट्टि फर्केर पसारिएकी पोथीलाई बलात्कार गर्न मुस्किल पनि पर्छ ।

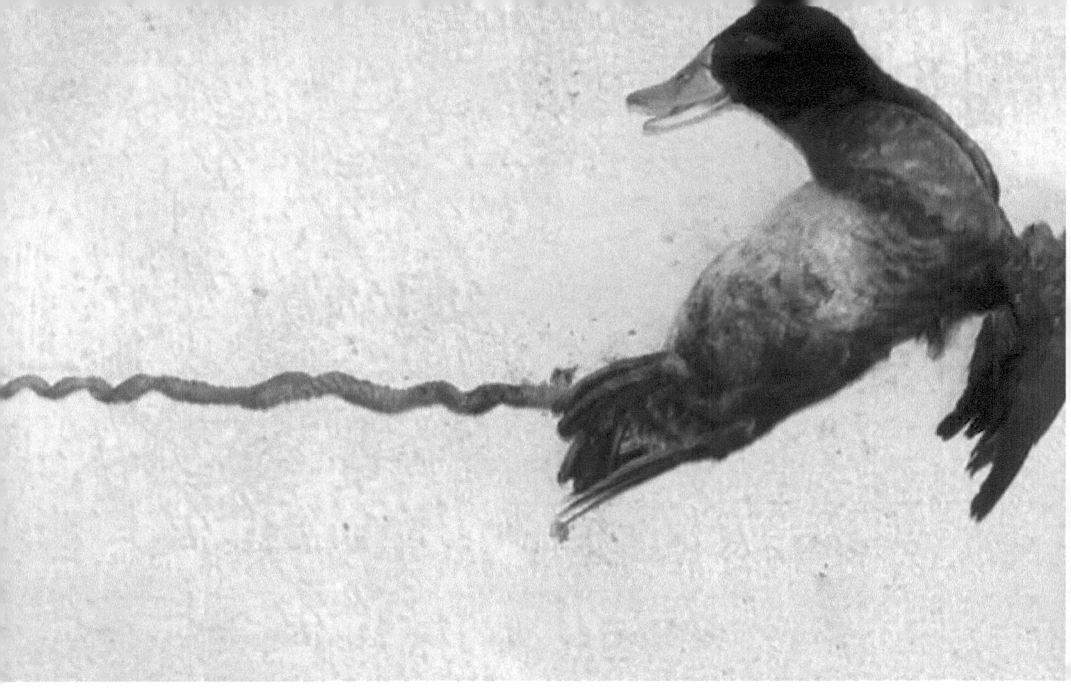

शरीरभन्दा लिङ्ग लामो ?

केही हाँसको लिङ्ग शरीरभन्दा पनि लामो हुन्छ । अर्जेन्टेनियन लेक डक भाले हाँसको लिङ्ग ४२ सेमिसम्म लामो हुन्छ । जिज्ञासा उठ्नु स्वाभाविक छ– शरीरभन्दा लामो लिङ्गको उपयोगिता के ? त्यति लामो लिङ्ग कसरी शरीरमा अटाउँछ ?

हाँसमा लामा लामा लिङ्गले एकअर्कामा द्वन्द्व बढाउँछ । हुन त जुनसुकै जीवमा पनि भाले र पोथीको लिङ्गले प्रायः यौन द्वन्द्व बढाउँछ नै । किनकि भाले र पोथीको वंश फैलाउने विकासको चाख नै फरक हुन्छ । त्यसैले जीवजन्तुको गुप्ताङ्गको बनावट अन्य शारीरिक अङ्गभन्दा विशिष्ट ढङ्गले बनेको हुन्छ ।

भालेहरू जतिसक्दो धेरै पोथीसँग सम्भोग गरेर धेरै बच्चा फैलाउन चाहन्छन् । सन्ततिले

डाँडाकाँडा होइन, वन नै ढाकून् भन्ने तिनको चाहना हुन्छ । तर पोथीहरू जति सक्यो, भालेका धेरै बीज चाखेर सबैभन्दा सुन्दर, स्वस्थ र बलियो भालेको गर्भ लिन चाहन्छन्, जसबाट आफ्ना सन्तति बलिया र स्वस्थ निस्किऊन् । पोथीहरूको यस्तो चासोका विषयमा भाले जानकार हुन्छन् । त्यसैले भाले र पोथीको चाख भिन्न हुनाले नै झन् धेरै द्वन्द्व बढाउँछ ।

जीवजन्तुमा एउटै पोथीलाई धेरै भालेले सम्भोग गर्छन् । जबर्जस्ती पनि गरेका हुन्छन् । पोथीहरू पनि आफ्ना भालेलाई ठग्न र झुक्याउन सिपालु हुन्छन् । आफ्नो मूली भालेको आँखा छलीछली तिनले अरू भालेसित लसपस गरेका हुन्छन् । यसबारे भालेहरूलाई ज्ञान नहुने कुरै भएन । आफूले सम्भोग गरेपछि त्यो पोथीसित अरू धेरै भालेका शुक्रकीटबीच प्रतिस्पर्धा हुन सक्छ भन्ने भालेलाई जानकारी हुन्छ । त्यसैले पोथीको गुप्ताङ्गमा आफ्नो शुक्रकीट सबैभन्दा भित्र पसोस् भन्ने चाहना भालेहरूको हुन्छ । अवश्य नै सतहमा रहेको वीर्यभन्दा पोथी अङ्गको गहिराइमा रहेका शुक्रकीटबाट पोथीको गर्भ रहने सम्भावना बढी हुन्छ । त्यसैले भालेका लिङ्ग लामा लामा रूपमा विकास भएका हुन्छन् । यो यौनको भिडन्तमा अरूलाई पछार्नका लागि हो ।

केही वैज्ञानिकहरूका अनुसार यस्तो लामो लिङ्गले अरू भालेको वीर्य सफा गर्छ । अर्थात् आफ्नो लामो लिङ्गले पोथीको गुप्ताङ्गमा रहेका अन्य भालेको वीर्य र शुक्रकीटलाई झिकेर बाहिर मिल्काइदिन्छ । यद्यपि यसको किटान भइसकेको भने छैन । पोथीको गर्भ रहने भागसम्म पुऱ्याउन भालेहरूले आफ्नो लिङ्ग लामो रूपमा विकास गरेका हुन्छन् भन्नेमा चाहिँ वैज्ञानिक सहमत छन् ।

सम्भोग नगरेका बेला हाँसका जस्ता लामा लिङ्ग हुने जीवको पेटभित्र दोब्रिएर रहन्छन् । तर भालेको यो जुक्ति रोक्ने पोथीका पनि उपाय छन् । अनेक दुःखकष्ट झेलेर पोथीहरूले पनि रोगी र कुरूप बच्चा जन्माउन चाहँदैनन् । मरन्च्याँसे, लिखुरे भालेलाई रसिला, भरिला पोथीले कसरी सजिलै ज्यान सुम्पिने ? सलक्क परेका, खाइलाग्दा भाले पाईपाई मरन्च्याँसेसित नारिने कसरी ? आफ्ना सन्तति सिरूखुट्टे, ख्याउटे जन्मिऊन् भनेर कुन माउले सोच्छ ? आफ्ना बच्चाको बाबु बन्न चाहने भालेहरूमाथि पोथीहरूले पनि नियन्त्रण गर्न चाहन्छन् । त्यसैले पोथीहरूले पनि आफ्नो प्रजननको बाटो वा शुक्रकीट भित्र छिर्ने मार्ग झन् गहिरो पारेर विकास गरेका हुन्छन् ।

धेरै हाँसले भाले र पोथीबीच बन्धन बनाउँछन् । सीमा राख्छन्, जुन एउटा सिङ्गो यौनकाल (मेटिङ सिजन) भरि रहन्छ । तर प्रतिद्वन्द्वी भालेले पोथीहरूलाई हिंसात्मक रूपले जबर्जस्ती गरिरहन्छन् । यो द्वन्द्वबाट पार पाउन पूर्ण रूपमा हुर्किएका र बैंसले छोएका भाले हाँस (ड्रेक) हरूले ठूलो कर्कस्क्रु (बोतल वा सिसीको बिर्को) जस्तो घुमुर्किएको लिङ्ग विकास गरेका हुन्छन् । हाँसका यस्ता लिङ्ग किन पनि

अचम्मलाग्दा मानिन्छन् भने ९७ प्रतिशत चराका यस्ता बाहिर निस्किने वा प्रस्ट देखिने लिङ्ग नै हुँदैनन् ।

हाँसमा जुन भालेको सर्वाधिक लामो लिङ्ग हुन्छ, तिनले त्यसैगरी सबैभन्दा फैलिएको जननेन्द्रिय भएको पोथी पाउँछन् । यी जटिल जननेन्द्रियको परिणाम के हो भने, यौनका मामिलामा दीर्घकालीन द्वन्द्व हुनु हो ।

पोथीहरूले नै चाहना गरेको अवस्थामा भालेहरूलाई सजिलो हुन्छ । पोथीले कुनै भाले इच्छाएकी छ भने उसले शारीरिक रूपमा शरीरलाई होचो र स्थिर पारिदिने सङ्केत गर्छे । भालेलाई सजिलो पारिदिने, पुच्छर जुरूक्क माथितिर उचालिदिने गर्छे । भालेलाई कसो गर्दा सजिलो हुन्छ, त्यो तरिका अपनाउँछे । उसले इच्छाएको भालेले पूर्ण सन्तुष्टि पाओस् र आफ्नो इच्छा पनि पूरा होस् भन्नेमा ऊ आफ्ना सबै इच्छा, तिर्सना र यौन चाहना पूरा गर्न विश्वस्त हुन्छे । झुक्याएर आएको भालेले जबर्जस्ती छुस्स छोएर हिँड्दा आफू पनि सन्तुष्ट हुन्नँ भन्ने पोथीहरूलाई हेक्का हुन्छ ।

तर जुन भालेले पोथीलाई बाध्यकारी रूपले सम्भोग गर्न खोज्छ, त्यसले यस्तो सहयोग पाउँदैन । हाँसको जातिमा यसरी जबर्जस्ती सम्भोग प्रक्रियाबाट जम्मा तीन प्रतिशत बचेरा मात्रै कोरलिन्छन् । यसले के सङ्केत गर्छ भने, यौनको यो द्वन्द्वमा पोथीहरू विजयी हुन्छन् । स्पष्ट रूपमा, लिङ्गको आकारले होइन, बरू पोथीले सहजतासाथ स्वीकार गर्छे कि अस्वीकार, त्यसमा निर्भर गर्छ ।

अड्कली अड्कली वीर्यपतन

"ओहो यो त खेलाडी छ । केटी देख्नैहुन्न, एकदमै सेक्सी छ ।"

तन्नेरीहरूमा यस्ता टीकाटिप्पणी खुब सुनिन्छन् । यस्तो घटना मानिसमा मात्रै होइन, सेक्सी, बहुपत्नी अँगाल्ने जीव पनि निकै हुन्छन् । यौनका मामिलामा मानिस त के हो र ? जीवजन्तु त अझ बढी खेलाडी हुन्छन् ।

तित्रा, बट्टाई, मयूर, लुइँचे, कालिज, प्युरालगायत धेरै चराका भाले यौनका मामिलामा अति खेलाडी मानिन्छन् । ती साह्रै कामुक हुन्छन् । एकै दिनमा दर्जनसम्म पोथी फेर्ने हुन्छन् । यस्ता बहुपत्नी ओगट्ने चरामा कुनै कुनै भालेले एक दर्जनसम्म पोथीहरूसित लसपस गर्छन् । पोथी पनि

के कम ? भाले फेरी फेरी सम्भोग गराउँछन् । हरेक सम्भोगमा भालेको प्रशस्त शक्ति, वीर्य र शुक्रकीट खर्च हुन्छ । एक थोपा शुक्रकीट बन्नकै लागि हजारौं थोपा रगत, अन्य धेरै शक्ति र तत्त्वको जरूरत पर्छ । त्यो भालेले एकै पटकमा छिर्काइदिन्छ । वर्षभर टन्न खाएर जम्मा भएको प्रजनन यामको सीमित समयमा तिनले प्रयोग गर्ने हुन् । कुनैकुनै भालेले त पोथीको एउटा यौन इच्छाकालमा ६० पटकभन्दा बढी पटक एउटै पोथीलाई सम्भोग गर्छ ।

प्रश्न उठ्छ– यति धेरै पोथीसँग सम्भोग गर्दा कसरी तिनको वीर्यभण्डारले थेग्छ त ? धेरै जीवजन्तुको यौन रणनीतिबारे सबै जानकारी प्राप्त भइसकेका छैनन् । तर लुइँचेहरू चाहिँ किफायती तरिका अपनाउन बाठा हुन्छन् । लुइँचेहरूले प्रत्येक सम्भोगमा एकै परिमाण र तरिकाले वीर्य छाड्दैनन्, पोथीको प्रजनन गुणस्तर र वरिपरि भएका भालेसँगको प्रतिस्पर्धा हेरेर अड्कली अड्कली छाड्ने गर्छन् ।

सम्भोगका बेला भालेहरूले कसरी घटाउने र बढाउने गर्छन् भन्ने पत्ता लागिसकेको छैन । तर कीरादेखि स्तनधारी धेरै जीवमा यो लागु हुन्छ भन्ने चाहिँ निर्क्योल भइसकेको छ । धेरै जीवले फरक फरक तरिकाले वीर्य खसालेको अवलोकन गरिएको छ । पोथीहरूले एकभन्दा धेरै भालेसँग जथाभावी यौन संसर्ग गराउनाले अन्य भालेको वीर्यसँग प्रतिस्पर्धा गर्न भालेहरूले यस्तो रणनीति अपनाउँछन् ।

विशेषज्ञका अनुसार भालेहरूले परिचित पोथीसँग सम्भोग गरेका बेलाभन्दा अपरिचित पोथीसँग सम्भोग गर्दा धेरै वीर्य छाड्छन् । धेरै भालेसँग सम्भोग गराउने र ठूलो सिउर भएका पोथीसँग सम्भोग गर्दा पनि तुलनात्मक रूपमा धेरै वीर्य खसाउँछन् । किनभने सिउर ठूलो हुने पोथी बढी कामुक हुन्छन् । त्यस्ता पोथी अन्य भालेको रोजाइमा पर्छन् ।

परिचित पोथीहरूको आनीबानीबारे भालेलाई जानकारी हुन्छ । अपरिचित पोथीहरूबारे जानकारी नहुनाले त्यस्ता पोथीले धेरै भालेसँग सम्भोग गराउन सक्छन् भन्ने अनुमानले भालेहरूले यस्तो तरिका अपनाउने गर्छन् । भालेहरूबीच प्रतिस्पर्धा गर्नु नपर्दा भने आफ्नो वीर्य खेर जाने जोखिम कम हुनाले थोरै खसाल्ने रहेछन् । यसो गर्दा तिनको भण्डारमा वीर्य सञ्चित हुन्छ । भविष्यमा धेरै प्रतिस्पर्धा गर्नुपर्दा धेरै प्रयोग गर्न पाउँछन् । भालेहरूबीच सम्भोगको प्रतिस्पर्धा बढ्दै जाँदा अरूमाथि आधिपत्य जमाउने (डोमिनेन्ट) भालेहरूले वीर्यको मात्रा पनि बढाउँदै जान्छन् । कमजोर भालेहरूले भने तीन ओटाभन्दा बढीसँग प्रतिस्पर्धा गर्नुपरे घटाउन थाल्ने रहेछन् । यसमा सम्भवतः हार्न सकिने धेरै जोखिम हुनाले किन धेरै खर्च गर्ने भन्ने रणनीति हुन सक्छ ।

कमजोर भालेहरूलाई दबाउने र धेरै पोथीलाई आफ्नो काबुमा राख्ने बलिया, रबाफिला भाले (डोमिनेन्ट मेल) ले कहिलेकाहीँ प्रतिस्पर्धा नै गर्नुपर्दैन । त्यसैले तिनको

भण्डारमा धेरै सञ्चित हुनाले आवश्यक पर्दा धेरै तुर्क्याउन सक्छन् । पोथीहरूले पुराना भालेसँग सम्भोग गर्दा वीर्य लिइसकेका हुनाले नयाँ, कम अनुभवी र कमजोर भालेहरूले तीसँग प्रतिस्पर्धा गर्नैपर्छ । वैज्ञानिकहरूले जीवजन्तुको यो जुक्तिलाई हामी मानिसले किन्ने राइफल चिट्ठासँग तुलना गरेका छन् ।

आखिर चिट्ठा, चिट्ठा नै हो । पर्छ नै भन्ने निश्चित त कहाँ हुन्छ र ? तर जति धेरै किन्यो, पर्ने सम्भावना उति नै बढी हुन्छ । चिट्ठाका प्रतिस्पर्धी धेरै छन् भने अलि धेरै किन्नुपर्छ । प्रतिस्पर्धी कम छन् भने थोरै किनिन्छन् । तर प्रतिस्पर्धी अति धेरै छन् भने धेरै पैसा खर्च गरेर अलि धेरै किने पनि पैसा खेर जाने सम्भावना हुन्छ । बेकारमा धेरै पैसा खर्च हुने जोखिम मात्रै बढ्छ । त्यसैले बरू भविष्यमा कम प्रतिस्पर्धा भएको मौका हेरेर किन्नका लागि रकम बचाउनु उपयुक्त हुन्छ । जीवजन्तुले पनि प्रतिस्पर्धा कम र अलि बढी भएका बेला हामीले राइफल चिट्ठा खरिद गरे जस्तै रणनीति अपनाउने गर्छन् ।

वैज्ञानिकहरूले के पनि पत्ता लगाएका छन् भने, भालेहरू ठूलो सिउर भएका पोथीसँग पहुँच बनाउन चाहन्छन् । यस्ता आभूषण भएका पोथीले साना आभूषण भएका पोथीले भन्दा धेरै, ठूलो र स्तरीय डिम्ब उत्पादन गर्न सक्ने रहेछन् । लामो सिउरका पोथीले पार्ने फुलमा पहेंलो भागको मात्रा पनि धेरै र स्तरीय हुने रहेछ । यस्तो फुलबाट कोरलिएका बचेरा बढी स्वस्थ हुन्छन् । कमजोर फुलबाट कोरलिएका बचेरा कमजोर नै हुने भए । त्यसैले हैकम चलाउने र कमजोर भालेहरूले यस्ता पोथीहरूसित सम्भोग गर्दा धेरै वीर्य खसाल्न खोज्छन् ।

भालेहरूले धेरै पोथी ओगट्ने र धेरै वीर्य खर्चिनुको कारण के हो भने, आफ्नो शक्ति र पोषण लगानीअनुसार पोथीलाई फुल उत्पादन गर्नभन्दा भालेलाई वीर्य उत्पादन गर्न कम खर्चिलो पर्छ । त्यसैले जतिसक्दो धेरै पोथीसँग सम्भोग गर्ने भालेहरूको रणनीति हुन्छ । पोथीहरूका निम्ति भने, भालेबाट लिने वीर्यमा भएको शुक्रकीटले भविष्यका सन्तानको निर्क्योल गर्छ । बचेरा रोगी भए तिनलाई हुर्काउन पनि उत्तिकै कठिन हुन्छ, जसले गर्दा आफ्नो जीवनसमेत जोखिममा पर्छ । त्यसैले पोथीहरूले धेरै भालेका वीर्यलाई परीक्षण गरेर उपयुक्त शुक्रकीटबाट गर्भ लिने गर्छन् । जति धेरै भालेलाई सम्भोग गरायो, पोथीहरूले उति धेरै भालेका बीजलाई प्रतिस्पर्धा गराएर छनोट गर्ने मौका पाउँछन् ।

फेर्न पाए दर्जन पोथी

गाउँघरमा कुखुराको पोथीलाई गाउँभरिको ठूलो भाले खोज्दै हिँड्ने चलन छ । बाख्रालाई ज्याङ्गो बोको कसका घरमा छ, खोजीखोजी पुऱ्याइन्छ । गाईलाई खाइलाग्दो बहर र भैंसीलाई राँगो उसै गरी खोजिन्छ । तर गाउँभरिका पोथीहरू दिनभरि खाली नगरी ल्याए के भाले, बोको, बहर, राँगोले एकै उत्साहका साथ सम्भोग गरिरहन सक्ला ? कुतूहल लाग्न सक्छ ।

कुखुराको भालेले पोथीसित पहिलो भेट हुँदा खुब जोस निकाल्छ । किनकि सुरूमा त खरिएको पनि हुन्छ । छोटो समयमै सुरूका तीनचार पटक त निकै जोस र जाँगरसाथ सम्भोग गर्छ । यस्तो बेला अन्य भाले त के ऊभन्दा दर्जनौं गुणा ठूला

जनावर नजिक पुग्दा पनि ठाडै आक्रमण गर्न आउँछ । चौथो पटकसम्म त उसले सजिलैसित सम्भोग गर्छ । त्यसपछि उसको चाख बिस्तारै ओइलाउँदै जान्छ । पाँचौं पटकसम्म जेनतेन जोस निकाल्छ । छैटौं पटकमा उही पोथीमा कुनै रस फेला पार्दैन । सामसुम हुन्छ । पहिलो पटक पोथी देख्नासाथ माटो खोस्रँदै, सिउर हल्लाउँदै र पखेटा फर्फराउँदै झम्टिएको भालेको फुर्तिफार्ती हराएर पूरा लोसे हुन्छ । तर के उसले सम्भोग गर्न नसकेर हो त ?

त्यसो अवश्य होइन । बरू उसले एउटा यौन इच्छाकालमा ६० पटकभन्दा बढी सम्भोग गर्छ । पटक पटक एउटै पोथीसित सम्भोग गर्दा उसको इच्छामा ह्रास हुँदै जान्छ । तर अर्कै नयाँ पोथी लगिदिने हो भने, उसले पहिलो पटक जुन उत्साह र चाख देखाएको थियो, त्यही उत्साह र फुर्ती निकाल्छ । यसरी हरेक केही पटकको सम्भोगपछि पोथीहरू बदली बदली पाउने हो भने, उसले दर्जन हाराहारी पोथीसित लसपस गर्न सक्छ । अङ्ग्रेजीमा यसलाई 'रूस्टर इफेक्ट' भन्ने गरिन्छ ।

एउटा बहरले पनि छैटौं पटकसम्म कहिल्यै नछोडौंला झैं स्वाँस्वाँ र फ्वाँफ्वाँ गर्दै गाईलाई सम्भोग गर्छ । गाई जता गयो, उतै नारिन्छ । नजिक कोही गए जाइलाग्छ । तर सातौं पटकबाट उसको फुर्ती घट्छ । बरू उसले नजिकैको एक मुठो पराल र एक त्यान्द्रो घाँसमा रस भेटाउँछ, त्यो गाईमा भेटाउँदैन । तर उसलाई नयाँ कोरली लगिदिने हो भने, उसले पहिलो पटककै जस्तो फुर्तीफार्ती र उत्साहसाथ पाँचछ पटकसम्म सम्भोग गर्छ । उसलाई यसरी फेरि फेरि लगिदिने हो भने, उसले १० ओटासम्मलाई नाइँनास्ती गर्दैन । त्यस्तै एउटा भेडो, मृग वा बोको पाँच पटकमा लत्र्याकलुत्रुक पर्छ । तर उसलाई पनि नयाँ भेडी वा बाख्री लगिदिने हो भने, उसमा ज्वाला दन्किए जस्तै हुन्छ । उसले पनि तिनै बहर र भाले झैं १०/१२ ओटासम्मको सजिलै रहर पुऱ्याउँछ । सुरूकै जोस कायम राख्छ ।

पछिल्ला पटकमा भालेहरूको चाख किन यसरी घट्छ ? एउटैसँग मात्रै कति सङ्गत गर्नु भनेर ? त्यसो भए भालेले पहिलो पटक सम्भोग गरेर छाडेको पोथीको पखेटा कतै काटिदिने, कतै थपिदिने अनि रङ लगाएर झन् चिटिक्क पारिदिन पनि त सकिन्छ । भेडीहरूलाई रङरोगन गरिदिने, टाउकोमा झुम्का झुन्डाइदिने, शरीरमा अत्तर छर्केर मगमग बास्ना आउने बनाइदिने । टाउकामा फुर्का लगाइदिएर अनुहार नै बदलिदिने । अनुहार बदलिएको, मगमग बास्ना आएको पोथी पाएपछि त्यो डङडङी गन्हाएको बोकाले छाड्ला ?

हो, अनुसन्धानकर्मीले यसरी झुक्याउन सकिन्छ कि भनेर परीक्षण पनि नगरेका होइनन् । तर तिनलाई झुक्याउन नसकिने रहेछ । यो मानिसमा पनि लागु हुन्छ । अस्ट्रेलियाली लेखकद्वय आलन र बारबारा पिचका अनुसार स्वस्थ पुरूषले एक दिनमा एउटी महिलासँग पाँच पटकसम्म सम्भोग गर्न सक्छ । छैटौं पटकमा भने उसको चाख

मरिसकेको हुन्छ । तर छैटौं पटकमा अर्कै महिला फेला पारे उसको शरीर उत्साहित हुन्छ । उसले नयाँ जोससाथ सम्भोग गर्छ, तिनै भेडा, बहर, कुखुराको भाले र बोकाले झैं । अत्तरसत्तर छर्केर, झिल्के लुगाले स्तन छोपेर, पारदर्शी भित्री कट्टु लगाएर ल्याइदिए पनि पहिलो महिलाप्रति भने पुरूषको खासै रूचि जाग्दैन ।

भालेले जतिसक्यो धेरै पोथीमा आफ्नो बीज सारेर फैलाओस् र पोथीहरूमा पनि धेरैले आफ्नो कोख रित्तो राख्नु नपरोस् भन्ने यो प्रकृतिको नियम र चलाखी हो । यसो गर्दा विभिन्न वंशको विविधतासमेत हुन्छ । फूलबारीमा जति धेरै थरी फूल फुल्यो, उति सुन्दर भए झैं प्रकृतिमा जति धेरै थरीको विविधता भयो, उति स्वस्थ र विविधतापूर्ण हुन्छ । यसरी फेरिरहँदा भालेको बीज पनि अनावश्यक रूपमा खेर जाँदैन । उसले धेरै पोथीमा बीज छर्न पाउँछ । उता बीजका लागि उपयुक्त भालेको पर्खाइमा बसेका पोथीहरूले पनि भालेको सङ्कट बेहोर्नुपर्दैन ।

जोडी छान्न पोथी खप्पिस

विख्यात वैज्ञानिक चार्ल्स डार्बिनका पालादेखि नै वैज्ञानिकहरूले क्रमिक विकास (इभोलुसन) को सिद्धान्तअनुसार जोडीको छनोट प्रक्रियाको सामान्य सिद्धान्त यस्तो बनाएका थिए– पोथीलाई आफूतिर आकर्षित गर्न भालेहरू आपसमा लडाइँ गर्छन् । कमजोरलाई लगार्न आफ्ना ठूला, लामा र धारिला सिङ देखाउँछन् । शरीर फुलाउँछन् । लामा र रङ्गीन भुत्ला, प्वाँख वा आकर्षक देखिने अन्य शारीरिक वस्तु देखाउँछन्, जसले स्वस्थ रहेको सङ्केत गर्छ । पोथीहरूले कुनामा बसेर नियाल्छन् । तटस्थ रहेर वा मन पराएर हेर्छन् । जब भालेले पोथीको आवश्यकताका गुण देखाउन सक्छ, तब ऊ भालेसितै नाच्छे । साथ लागेर

लहसिन्छे । अनेक क्रियाकलाप देखाएर भालेले मन जित्दै, पगाल्दै जान्छ । ऊ पग्लिँदै जान्छे । बिस्तारै त्यस भालेलाई आफ्नो शरीर सुम्पन्छे ।

वैज्ञानिकहरूले के भन्दै आएका थिए भने भालेहरूले सके जति सीप निकालेर नाचगान गर्छन् । शरीर देखाउँछन् । पोथीहरू चाहिँ झाडी र वनका कुनै सियाँलको दर्शकदीर्घामा बसेर भालेको नाच नियाल्छन् । घाँसेमैदान वा बुट्यानभित्र बसेर पोथीले दर्शकदीर्घाका रूपमा भालेहरूको नृत्य, गायन जाँच्ने गर्छन् । भालेहरू पनि पोथीको कामको क्रियाकलाप नियालेर बस्ने, तौलने गर्छन् । वैज्ञानिकहरूले पनि त्यसैगरी सामान्य तरिकाले एकतर्फी रूपमा हेर्दै आएका थिए । तर होइन रहेछ । अहिले त वैज्ञानिकहरूले के पत्ता लगाए भने, जोडी छान्न त पोथी पनि उत्तिकै माहिर पो हुने रहेछन् ।

यो थुप्रै चरा र जनावरमा देखिएको छ । यतातिर त्यति धेरै ध्यान दिइएको थिएन । डार्बिनका पालादेखि नै वैज्ञानिकहरूले भालेका पहिरन, गहना, आकर्षण, रङ र मयूरको लामो र रङ्गीन पुच्छर जस्ता वस्तुमा मात्रै बढी ध्यान दिए, जसको मुख्य कारण नै जोडीलाई आफूतिर आकर्षित गर्नु हो । त्यही कारणले भालेहरू त्यस्ता आकर्षणका आधार विकसित गर्न बाध्य जस्तै हुन्छन् भन्ने सोचिन्थ्यो । त्यस प्रक्रियालाई यौनिक छनोट (सेक्सुअल सेलेक्सन) भनिन्छ ।

अहिले चाहिँ त्यो मान्यता फरक देखिएको छ । किनभने अहिले पोथीहरू पनि भाले छनोट गर्छन् । त्यसरी छनोट गर्ने तिनका आफ्नै आधार र चाख हुन्छन् भन्ने पत्ता लागेको छ । जस्तै, बस्तीमा पाइने भँगेराको भालेको घाँटीमा कालो धब्बा (नेपालीमा लुर्कन भनिन्छ) हुनु भनेको त्यो पोथीको छनोटमा पर्ने एउटा विशेषता हो । त्यो लुर्कनले उसलाई सुन्दरता मात्रै थपिदिँदैन, हृष्टपुष्ट भएको सङ्केत पनि गर्छ । पोथीहरूलाई ऊ स्वस्थ छ भन्ने जनाउ पनि दिन्छ ।

वैज्ञानिकहरूले के तथ्य पत्ता लगाएका छन् भने, भालेहरूमा यस्ता विशेषताको विकास हुनु भाले चाखका लागि मात्रै होइन । समूहमा सबै शारीरिक सुन्दरताले छनोटमा पर्नु पोथीको एकाधिकारका लागि मात्रै पनि होइन । पोथीहरूमा हुने मधुर रङ पनि भालेकै जिनबाट सर्ने हो । वैज्ञानिकहरूको भनाइमा कतिपय प्रजातिमा पोथी पनि भाले जत्तिकै सुन्दरताले सजिएका हुन्छन् । जस्तै, चिबेका भालेपोथी दुवै काला, उस्तै रङका हुन्छन् । कालो गरूडका भाले र पोथी उस्तै हुन्छन् । तर कतिपय पोथीमा भालेमा हुँदै नभएका विशेषता देखापर्छन् । त्यसको अर्थ पोथीहरूको विकास भालेको कुनै जिनबिनै स्वतन्त्र ढङ्गले विकास भएर हो ।

तर जुन जोडीमा भाले र पोथी दुवै सुन्दर हुन्छन्, अर्थात् हेर्दा उस्तै रङका हुन्छन्, ती दुवैले बच्चाको हेरचाह समान ढङ्गले गर्छन् । यस्ता भालेहरूले बढी सुन्दर पोथी खोज्छन् । किनभने यिनले पछि आफ्ना बच्चाको हेरचाहमा पनि निकै समय दिन्छन्, शक्ति खर्च गर्छन् । यिनलाई आफ्ना बच्चाको भविष्यको चिन्ता हुन्छ । त्यस्ता भालेले आफ्ना बच्चा सक्षम र सबल बनाउन चाहन्छन् ।

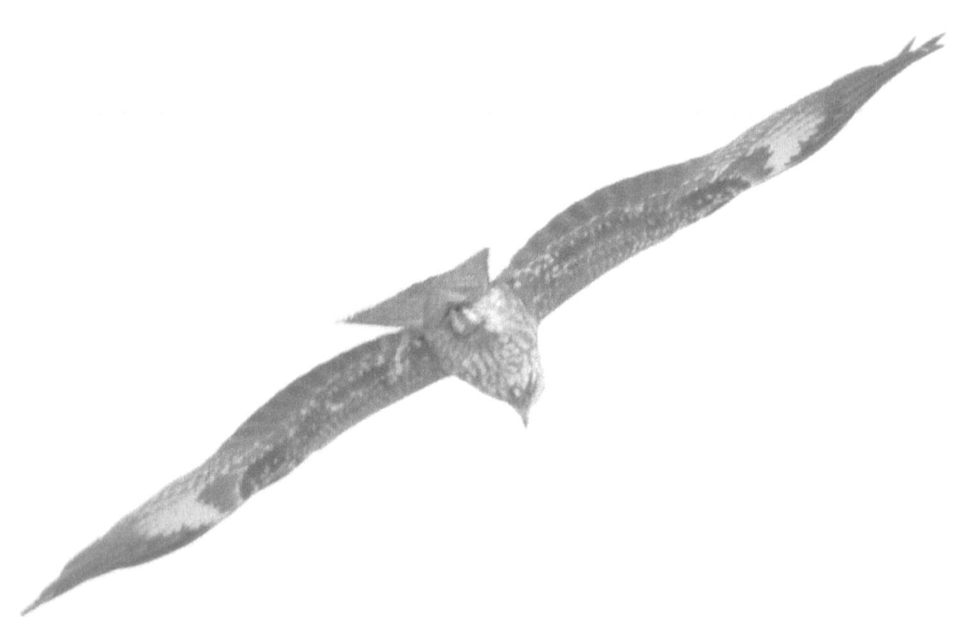

प्लास्टिकले गुँड पोत्ने चरा

गतिलो जागिर । बगैँचासहितको फराकिलो, अग्लो घर । अगाडि पार्किङ गरिरहेको गाडी । यति भएपछि नेपालमा सान र मान कति चर्को ? यस्तै सान र मान चराको संसारमा पनि हुन्छ । खासगरी चिलहरूको दुनियाँमा हुन्छ । तर फरक के भने, यिनलाई गाडी चाहिन्न । घर भने चाहिन्छ । हो, त्यही घर बनाउँदा प्लास्टिक लगेर चिटिक्क पोतेर सान देखाउँछन् ।

मान्छेले अनेक तरिकाले प्रयोग गरिसकेर मिलाएको प्लास्टिक त चिलका लागि सान देखाउने गजबको चीज रहेछ । मांसाहारी चराबारे अनुसन्धान गरिरहेका वैज्ञानिकहरूले गजबको तथ्य पत्ता लगाए । चिलहरूले एकदम सेतो रङको प्लास्टिक खोजीखोजी जम्मा पारेर

ल्याउने रहेछन् । त्यसले गुँड चट्ट सिँगार्ने रहेछन् । त्यसो गर्दा त्यस गुँडबाट जन्मिएका बचेरा भविष्यमा एकदम तगडा, लडाकु बन्ने रहेछन् । त्यस्तो गुँडबाट बचेरा पनि धेरै कोरलिने रहेछ ।

चराहरूमा एउटाले बनाएको गुँड अर्कोले लिने चलन छ । आफैँले दुःख गरीगरी खोजेर ल्याउनुभन्दा चोर्ने पनि गर्छन् । कमजोरलाई लखेटेर बलियोले हडप्ने पनि हुन्छन् । कति दुःख गरीगरी साता, महिना लगाएर जम्मा पारेको सामानले गुँड बनाएको देखेपछि बलियोले आएर लगार्ने रहेछन् । त्यसमा आफूले फुल कोरल्ने, आलटाल गर्‍यो भने भुत्ल्याउने, खुट्टासुट्टा भाँचिदिने, रक्ताम्मे बनाइदिने र उस्तै परे मारिदिने पनि गर्दा रहेछन् ।

अमेरिकी वैज्ञानिकहरूले यो तथ्य पत्ता लगाउन दक्षिणपश्चिम स्पेनको दोनान्या राष्ट्रिय निकुञ्जमा पाँच वर्ष लगातार मांसाहारी चराबारे अनुसन्धान गरे । त्यहाँ उनीहरूले एक सय २७ ओटा चिल (ब्ल्याक काइट) मा अनुसन्धान गरे । अरू रङको प्लास्टिक दिँदा के गर्लान् भनेर वैज्ञानिकहरूले पारदर्शी र हरियो रङको प्लास्टिक पनि गुँडको नजिक राखिदिएका थिए । तर चिलहरूले सेतो नै रूचाए ।

भालेपोथी दुवैले सेता प्लास्टिक गुँडमा ओसारेका थिए । सातदेखि १२ वर्ष उमेरकाले बढी प्रयोग गरे । वैज्ञानिकहरूको भनाइमा यो उमेर एकदम सबल, स्वस्थ र प्रजनन गर्ने बेलाको हो । नहुर्केका र बूढा उमेरका चराले भने त्यति प्रयोग गरेको पाइएन । अनुसन्धानकर्मीले चराको गुँडमा थप प्लास्टिक राखिदिँदा तिनले अलग्गै थाहा पाए । तिनलाई झिकेर पाखा राखिदिए ।

यसो त वैज्ञानिकहरूले चराको गुँडको क्रियाकलाप अवलोकन गर्न थालेको हालसालै मात्रै होइन । सन् १८०० देखि नै हो । तर प्रजनन प्रक्रियामा यसले यस्तो महत्त्वपूर्ण भूमिका निर्वाह गर्छ, यो आकर्षणका लागि मात्रै होइन भन्ने तथ्य पत्ता लागेको भने यो पहिलो पटक हो । प्लास्टिक अस्तित्वमा आउनुपहिले चराले लुगा र कागज प्रयोग गरेका हुन सक्छन् । त्योभन्दा पनि पहिला अन्य चराका चम्किला प्वाँख, भेडाबाखा र चित्तलका भुत्लाले रङ्गाउने गरेका हुन सक्छन् ।

पोथी बन्न भेष परिवर्तन

- केही भाले चरा जीवनभर पोथीका रूपमा भेष बदलेर रानी झैं बस्छन् ।
- पोथीको आवाज निकालेर त्यस्ता भालेले पोथीलाई झुक्याउँदै मूर्ख बनाउँछन् । तर ती पोथीसित समागमन पनि गर्छन् ।
- पोथीका रूपमा भेष बदल्ने भाले र भालेको रूपधारण गर्ने पोथीहरू केही माछा र छेपारा जातिमा पनि हुने गर्छ ।

मार्स ह्यारियर मांसाहारी चरा (बाज) को जाति हो । ती जातिका चरामा करिब ४० प्रतिशत पोथीको भेष बदलेका भाले हुन्छन् । तिनले ठ्याक्कै पोथी झैं गर्छन् । आवाज पोथीकै निकाल्छन् । देख्दा पनि पोथी जस्तै हुन्छन् । पोथीकै आनीबानी

नक्कल गर्छन् । महिला वस्त्रका पुरूष नर्तकी जस्ता देखिन्छन् । पोथीले झैं गरेर तिनले सबैलाई ए यो त पोथी रहेछ भन्ने पार्दै मूर्ख बनाउँछन् । तर यी कति हरिप ! पोथीले झैं गर्ने, पोथी फकाउने र तीसित यौनको मस्ती पनि लुट्ने गर्छन् ।

कतिपय अवस्थामा यस्ता स्त्री भेषका भाले कमजोर हुन्छन् । पोथीको मन जित्न भालेभालेबीच खिचातानी हुन्छ । तानातान र भिडन्त पनि पर्छ । तर जित्ने यस्तै छट्टु पर्छन् । किनभने यसरी भेष बदल्दा तिनलाई पोथीहरू नजिक जान सजिलो हुन्छ । पोथीको मन जित्न सहज हुन्छ । बाहिर देख्ने भालेले ती त पोथी हुन् भन्ने ठान्दा द्वन्द्व कम हुन्छ । कतिपय भालेले पोथीले वास्ता नगरेको ठानेर परै बस्छन् । पोथीलाई फकाउने जबर्जस्ती त के कोसिस नै गर्दैनन् । तैपनि तिनले आफ्नो बासस्थान किटान त गर्छन् नै । द्वन्द्व कम गरेर पोथीको सामीप्यमा पुग्ने यस्तै भालेले पोथीसित सफल यौन आनन्द लिन्छन् ।

हुन त यस्ता चरा अरू पनि देखिएका छन् । रफ भनिने सामुद्रिक चरामा पनि भालेहरूले पोथीको आवाज निकालेर पोथीका रूपमा छक्याउने गरेको वैज्ञानिकहरूले पुष्टि गरिसकेकै हुन् । यो मार्स ह्यारियर चरा जातिमा ४० प्रतिशतले जीवनभर पोथीको रूप धारण गर्ने पछिल्लो अनुसन्धानले देखाएको रोयल सोसाइटीको बायोलोजी लेटर्समा उल्लेख छ ।

पोथीको रूप धारण गर्ने, आवाज नक्कल गरेर पोथी बन्ने अन्य जीव पनि नभएका होइनन् । माछा, छेपारा र अन्य थुप्रै कीरामा यस्तो हुन्छ । यसो हुनुको कारण के हो भने, यी जीवहरूमा अति धेरै द्वन्द्व हुने गर्छ । त्यही द्वन्द्वलाई न्यूनीकरण गर्न प्रकृतिले यस्तो क्षमता दिएको वैज्ञानिकहरूको तर्क नाजायज लाग्दैन । पोथीका लागि भालेहरूबीच अति धेरै द्वन्द्व र लडाइँ हुँदा केही भालेमा यस्तो क्षमता भइदिनाले भालेभालेबीचको लडाइँ कम भइदिन्छ ।

ऐना हेरेर अनुहार मिलाउने चरा !

मान्छेहरू आआफ्ना तालमा थिए । वैज्ञानिकले भने निकै ठूलो हातलागी होला भनेर उत्सुकतापूर्वक नियालिहरेका थिए । यो कोकले चरो (युरोपियन मेगपाई) भुर्र उडेर ऐनाको छेउमा आयो । यताउति हेऱ्यो । लजाए झैं गऱ्यो । कसैले देख्ला कि झैं अनुहार ऐनामा हेऱ्यो । घाँटीको कालो भुत्लामा पहेंलो धब्बा देख्यो । मान्छेले दाह्री काटिसकेपछि कतै केही रौं छुटेको बेला झैं झन् नियाल्यो । हामीले बाँकी रौं उखले झैं कोकलेले पनि उखेल्यो । उसले चिन्यो– ए मेरो अनुहारमा त पहिले यस्तो पहेंलो दाग थिएन ।

वैज्ञानिक न परे, यो देखेर चित खाए । चरालाई पनि कति नक्कली हुनुपरेको ? चरा वा स्तनधारी जीवबाहेक अन्य जीवले ऐना हेरेर यसरी

जिल्ल परेको, नक्कल पारेको देखिएको यो पहिलो पटक हो । वैज्ञानिकहरूले पहिलो पटक मेसो पाए ।

ऐनामा हेर्नु आफू कस्तो छु भनेर जान्नु हो । कस्तो भएँ भनेर आफूले आफ्नै मूल्याङ्कन गर्नु हो । अरूभन्दा सुन्दर कि कुरूप भनेर सचेत रहने एक माध्यम हो । वैज्ञानिकको भाषामा यो प्रतिक्रिया स्नायुसित सम्बन्धित छ । उच्च दक्षतासित सम्बन्धित कुरो हो यो । जीवजन्तुले हतपत यसो गर्दैनन् ।

वैज्ञानिकहरूले यसरी थुप्रै जीवजन्तुलाई ऐनामा लगेर देखाएका हुन् । तर ऐनामा देखिएको आफ्नो अनुहारलाई तिनले यसअघि प्रायः प्रतिद्वन्द्वी ठान्ने गर्थे । शत्रु ठानेर आक्रमण गर्थे । हात्ती, सोस (डल्फिन) र केही बाँदरका प्रजातिमा यस्तो परीक्षण गरिएको थियो । यो परीक्षणको सकारात्मक प्रतिक्रिया (हेरेर रमाउने, जिल्ल पर्ने) अब बाँदर जातिमा मात्रै सीमित नरही चरामा पनि लागु भएको दाबी गरेका हुन् । जर्मनीको फ्याङ्कफर्टस्थित गोथे विश्वविद्यालयका हेल्मुट प्रियोरले यो खोज सार्वजनिक गरे ।

हात्ती, बाँदर र सोस सामाजिक प्राणी हुन् । यी सामाजिक समूहमा बसेर अनेक नियम पालना गर्छन् । तर चरा ? कोकले, भोटे काग (रेभन) र ठेउवा (जे) पनि सामाजिक समूह बनाएर बस्ने भएकाले त्यसो भएको हुन सक्ने तर्क गरेका छन् ।

कसरी पत्ता लगाए त यो ?

प्रियोर र उनको अनुसन्धान टोलीले दुई ओटा फरक पिँजडा बनाएर त्यसमा पाँच ओटा कोकले चरा छाडिदिए । एउटा कोठामा ऐना थियो । अर्कोमा थिएन । तीमध्ये तीन ओटाले अधिकांश समय ऐना भएको कोठामा बिताए । ती नजिक जान्थे । हेर्थे । पछाडि फर्किन्थे । फेरि हेर्थे । कसरी चल्छ, कसरी काम गर्छ ? नियाल्थे । अगाडि बढ्थे र फेरि पछाडि हट्थे । आफ्नो शरीरको भुत्लालाई अनेक कोणबाट ऐनामा देखिने गरी मिलाईमिलाई हेर्थे ।

त्यसपछि ती वैज्ञानिकले ठुँडमुन्तिरको भुत्लामा फेरि रातो, पहेँलो वा कालो रङ घसिदिए । ऐना भएको पिँजडामा तिनलाई राखिदिए । कालो किन राखिएको भने चराको बाँकी भागको रङ कालो हुनाले त्योसित मेल खाओस् भन्ने उनीहरूको उद्देश्य हो । प्लस बायोलोजी पत्रिकाका अनुसार पछि ती चराले त्यो धब्बा ऐनामा हेरी हेरी कोतरेर मिल्काए ।

तर चरालाई ऐना नभएको पिँजडामा राखिदिँदा ती धब्बामा छुँदा पनि छोएनन् । वास्तै गरेनन् । दुई ओटा चराले भने पूर्वजानकारी भए झैं गरे । कोकले चरा एकदम उत्सुक र वरिपरि कता केके हुन्छ, नियाल्ने चतुर जीवमा पर्छन् ।

यस अनुसन्धानबाट वैज्ञानिकहरूले चरा पनि ऐनामा रमाउने, आफ्नो शरीरको सुन्दरताबारे देखाउन र रमाउन चाहने रहेछन् भन्ने पत्तो पाए । चराका पुर्खा र स्तनधारी जीव करिब १० करोड वर्षअघिदेखि छुट्टिएका हुन् । त्यस बेलादेखि चराले भिन्न रूपमा आफ्ना आनीबानी विकास गर्दै आएका हुन् ।

फुलभित्रैका बचेरालाई शिक्षा

मान्छेले पेटभित्रैको बच्चालाई शिशुवर्णमाला कण्ठ बनाइदिए कस्तो होला ? 'क'देखि 'ज्ञ' । 'ए'देखि 'जेड' । वा आधारभूत कुरा ऊ नजन्मिँदै आमाले आफ्नो पेटको बच्चालाई सिकाउन सके ? त्यो त अहिलेसम्म कल्पनाबाहिरको कुरा भयो । केही चराले भने आफ्नो वर्णमाला त के यस्तो यस्तो कुरो खानू, मेरो (आमाको) बोली सुनेपछि बल्ल कुनै चीज खानू भनेर सिकाउँछन् । त्यति मात्रै हो र ? फुलभित्र हुँदै आफ्नी आमा र पराईले दिएको आहारा यसरी छुट्याउनू, बाहिरका चराले दिएको नखानू भनेर सूत्र नै सिकाउँछन् । गीत गाउन पनि सिकाउने गर्छन् । फुलभित्रका बचेराले ती सूत्र सिक्छन् । जन्मिसकेपछि कुनै चराले

आहारा ल्याएर दिँदा यसो सूत्र मिल्यो कि मिलेन तौलिन्छन् । मिलेको रहेनछ भने ह्या यो त मेरी आमा होइन, यसले दिएको खानुहुन्न भनेर मिल्काउँछन् ।

फुलभित्रै हुँदा माउले सिकाएका गोप्य गीतको भाका नसुनेसम्म तिनलाई दिएको आहारा खाँदैनन् । वैज्ञानिकहरूको भाषामा त्यो गोप्य पासवर्ड हो । हामीले पासवर्ड नहालेसम्म ज्यान जाला इमेल र फेसबुक खुल्दैनन् । त्यस्तै खासगरी चराहरूले बचेरा कोरलिएपछि सिकाउन थाल्छन् । तर अस्ट्रेलियामा पाइने सुपर फेरी रेन चराले त्यत्रो समय कुर्नै सक्दैनन् । त्यसैले तिनले फुलभित्र हुँदा नै सिकाउन थाल्छन् । यी चराले फुलभित्रका बचेरालाई एउटा पासवर्डसहितको गीत सिकाउँछन् । तिनले दोहोऱ्याई तेहऱ्याई सुन्छन् । अभ्यास गर्छन् । जब ती फुलबाट बाहिर निस्किन्छन्, भोक लागेपछि म भोकाएँ, आहारा चाहियो भनेर माउलाई सङ्केत दिन त्यही गीत गाउँछन् ।

यसो किन गरेको ? कोइलीका दुई प्रजातिले के गर्छन् भने फेरी रेन आहारा लिन गएका बेला तिनको फुल फालेर आफ्नो फुल छाड्छन् । अनि आफू मस्ती गरेर बस्छन् । बचेरा चाहिँ त्यही फेरी रेनले हुर्काउँछ । हुर्केपछि कोइलीको पछाडि लागेर भुर्र उड्छन् । फेरी रेन चरो बिचरा हेरेको हेऱ्यै हुन्छ । हो, त्यो चोरी रोक्नलाई रेन चराहरूले यस्तो अक्कल निकालेका हुन्छन् । चोर, डाँका, ठग, भ्रूण हत्यारा, अधर्मीहरूलाई रोक्न त्यो पासवर्ड फुलको भ्रूण हुँदै सिकाउने रहेछन् ।

बचेरालाई मात्रै सिकाएर कहिलेकाहीँ भालेले आहारा ल्याउनुपऱ्यो भने के गर्ने ? त्यसैले भालेलाई पनि त्यो पासवर्ड सिकाउँछन् । पहिले पहिले वैज्ञानिकहरूले के पत्तो पाएका थिए भने, कोइली र रेनको आवाज छुट्याउन माउले आफ्ना बचेरालाई सिकाउँछन् । तर फुलभित्रै हुँदा यसरी पासवर्ड दिई सिकाउँछन् भन्ने चाहिँ भर्खरै पत्ता लागेको हो ।

अनुसन्धानकर्मीले चराले आफ्ना शत्रुबाट कस्ता आवाज दिएर जोगाउँछन्, कस्तो आवाज कस्तो बेला सिकाउँछन् भनेर चराको आवाज रेकर्ड गरेका थिए । अनुसन्धान गर्दा उनीहरूले फेरी रेन चराले फुललाई गीत गाएर सुनाइरहेको पत्ता लगाए । माउले फुलमा ओथारो बस्ने क्रममै सिकाउने रहेछ । पोथीले आफ्नो भालेलाई पनि त्यही बेला सँगै राखेर सिकाउने रहिछे । जब अनुसन्धानकर्मीले अन्य चराको आवाज गुँडमा सुनाए, तब भाले र पोथी दुवैले बचेरालाई आहारा दिन रोके ।

मौसम बिग्रियो कि मस्ती ?

परिवारमा दुःख आइपर्दा मिलेर लडिन्छ । एकले अर्कोलाई साथ दिइन्छ । मरे पनि सँगै मर्न तयार रहनुपर्ने हो । आनन्द, रमाइलो सबै अनुकूल हुँदा मस्ती गर्ने न हो । तर त्यसका अपवाद छन् । जब कठिन अवस्था हुन्छ, म त मेरो बाटो लागें, तँ जेसुकै गर, जतासुकै जा भनेर झन् केही चराले सम्बन्धविच्छेद पो गर्ने रहेछन् !

त्यति मात्रै हो र ? जहाँ वातावरण बिग्रिन्छ, त्यहाँ त एकले अर्कोलाई ठग्ने, छक्याउने, झुक्याउने पनि बढी गर्ने रहेछन् । त्यसो गरेपछि विश्वास हुन्छ ? माया रहन्छ ? बरू जोडीमा सम्बन्धविच्छेद बढ्ने गर्छ । आफ्नो भालेलाई भरपूर प्रेम गरे झैं देखाउने, आफूसँगै भएको भालेसित

साखुल्ले बन्ने गर्छन् । तर उसका आँखा छलेर अरूसित लुकीचोरी प्रेम गर्न केही चरा सिपालु हुन्छन् । आफ्नो भालेलाई छक्याएर यौनको मस्ती लुट्दै हिँड्न पनि चराका पोथी खप्पिस हुने रहेछन् ।

प्रकृतिमा वातावरण र मौसम बदलिइरहन्छ । त्यो अनिश्चित भयो भने, चराहरू प्रायः एकै ठाउँमा आराम गरेर बस्छन् । त्यो वातावरणको अवस्था बुझ्न हो । त्यस्तो किन गर्छन् ? आफ्ना बचेराहरूलाई विविध खाले जिनको आवश्यकता पर्छ । चरा त्यसको चाहनामा हुन्छन् । बचेरालाई त्यो सिकाउनु तिनको ध्येय हुन्छ । एकै थलोमा समूह बनाएर बस्दा वातावरणीय परिवर्तनले कस्तो मोड लेला भन्ने बुझ्न सहज हुन्छ । एक्लै हुँदा उनीहरूले त्यसमा अझ बढी ख्याल गर्छन् । आफ्नो मात्रै जिम्मेवारी लिन्छन् । चासो राख्छन् । कुनै ठाउँमा वातावरणीय अवस्था सुध्रियो भने चराहरूले त्यस्ता ठाउँमा जोडीलाई छाडिदिन सक्छन् । सम्बन्धविच्छेद गरेर एक्लै अनुकूलित हुनतिर लाग्छन् ।

अप्ठ्यारो अवस्थामा भालेले छाडेर गए के गर्ने ? पोथीहरूको रणनीति हुन्छ– एउटाले छाडेर गए पनि तिनले भएकामध्ये आफूअनुकूलको, सबैभन्दा तगडा भालेको खोजी गर्न थालिहाल्छन् । अमेरिकाको नर्थ क्यारोलिना स्टेट विश्वविद्यालयका अनुसन्धानकर्मी कार्लोस बोतेरोका भनाइमा चराको यस क्रियाकलापले मानिसले पनि किन यदाकदा आफ्नो जोडी छाडेर यताउति सम्बन्ध राख्छन् भन्ने बुझ्न मद्दत गर्छ ।

बुतेरो भन्छन्, "मानिसहरू वर्षा, तापक्रमको घटबढ जस्ता सामान्य वातावरणीय परिवर्तनलाई बदलिदिन सक्छन् । वा त्यसको प्रभावले असर नपार्नेसम्म बनाउन सक्षम छन् । तर स्टक मार्केटमा आएको घटबढ वा अन्य आर्थिक सूचकाङ्कको बदलीले मानिसलाई जस्तै वातावरणीय बदलीले चरालाई बदली गर्न सक्छ । अहिलेको संसार, समाज र अवस्थाअनुसार यो केटो वा केटी मलाई चट्ट मिल्छ भन्ने लाग्न सक्छ । तर परिस्थिति बदलियो भने तपाईंका आशा र सोचाइ पनि बदलिन सक्छन् ।" चराहरूलाई पनि परिस्थिति, मौसम, बासस्थानअनुसार फरक जोडीतिर आकर्षण बढ्ने गर्छ ।

थुप्रै चराले एक बेतसम्म एकै जोडीसित बिताउँछन् । त्यसपछि ती लाखापाखा लाग्छन् । नयाँ भाले वा पोथीसित नयाँ जोस, उमङ्ग, प्रेम र हर्ष बढ्छ । तर केही समयपछि फेरि खटपट हुन्छ । अनेक कारणले मन पर्दैन । वर्षौंपछि आ पहिलेकै ठीक थियो भन्ने लाग्छ । र पुरानै जोडीतिरै फर्किन्छन् । तिनले गुँड नछाड्दासम्म सँगै बचेरा हुर्काउँछन् ।

वैज्ञानिकहरूले के पत्तो लगाए भने, गुँडमा पोथीहरूले एउटा भाले पतिका रूपमा राखे पनि घरवालालाई थाहा नदिई बाहिर परपुरूषसित चोरीचकारी यौनसंसर्ग राख्ने रहेछन् । गुँडमा रहेको भालेले विश्वास गर्छ– कोरलिएका बचेरा मेरै हुन् । पोथी गुँडमा बस्दा आहारा खोजेर ल्याइदिन्छ । ओथारो बस्दा गुँडको द्वार वा नजिकै बसेर रक्षा गर्छ । पोथीको हेरचाह गर्छ । तर पोथीले त्यो सबै बफादारी भुलेर अन्य भालेको

बीउबाट कोरल्न लागेकी हुन्छे । त्यो बफादारीमा घात भएको मेसो पाए भालेले पोथीलाई जगल्ट्याउँछ । ठुँङ्छ, भुतल्छ, यातना दिन्छ । आफ्नीमाथि चोरीचकारी यौन सम्बन्ध राख्ने भालेलाई पनि खोजीखोजी आक्रमण गर्छ । यही कारणले पोथीले भालेको आँखा छलेर सुटुक्क सम्बन्ध राख्छे । यस्तो घटना चरामा प्रशस्त हुन्छ । जोडी मन नपर्दा चराले बचेरा नकोरलिँदै बीचैमा सम्बन्धविच्छेद पनि गर्छन् । तर प्रायः एक बेत सँगै बसेर अर्को बेतका लागि बाटो लाग्छन् । बुतेरोको टोलीले अनुसन्धान गर्दा विश्वका करिब दुई सय प्रजातिका चराले सम्बन्धविच्छेद गर्ने रहेछन् ।

*प्लस वान साइन्स जर्नल*अनुसार वातावरण बिग्रिँदै र अनिश्चित बन्दै जाँदा चराहरूले नयाँ जोडी खोज्ने गर्छन् । सायद बदलिँदो वातावरणसित आफूअनुकूल खोज्न कारण हुनुपर्छ । त्यो जायज र तर्कपूर्ण पनि लाग्छ । किनभने मोटो र ठूलो ठुँड हुने चराले कडा, बाक्ला बोक्रा र बीज खोल्स्याउने, फुटाल्ने बढी सजिलोसित गर्न सक्छन् । प्रायः सुक्खा ठाउँमा त्यस्तै आहारा फोर्नु वा खोल्स्याउनुपर्ने हुँदा त्यस्तो ठुँड महत्त्वपूर्ण हुन्छ । तर त्यही ठुँड कम महत्त्वपूर्ण भइदिन्छ, जब वर्षा सुरू भएपछि बीजहरू साना हुन्छन् । बोक्रा कमला हुन्छन् । वर्षाका कारण कडा फोर्नुपर्ने आहारा नरम बनिदिन्छन् । त्यस्ता आहाराका लागि साना ठुँड बढी उपयोगी बन्छन् ।

मौसम सुक्खा वा ओसिलो भइराख्यो भने पोथीको जोडी छनोट अनौठो बनिदिन्छ । तर मौसम जतिखेर पनि बदली भइराखे पोथीले चोरीचकारी र लुकीचोरी सुरू गर्छे । अरू भालेसित सम्बन्ध राख्न थालिहाल्छे । यस्तो अवस्थामा बलिया, निरोगी, आफ्ना बचेरालाई हेर्न सक्ने, सुरक्षा दिन सक्ने भाले खोज्न थाल्छे । त्यो भनेको सबैभन्दा असल, निरोगी जिनको खोजी हो ।

बच्चा कोरलिएपछि जस्तोसुकै वातावरण होला । तर मौसम र वातावरण बदली भइराख्यो भने, पोथीहरू लुकीछिपी गतिलो जिनका लागि बलिया र निरोगी भालेहरूतिर सल्किन थालिहाल्छन् । त्यसो त यो भालेहरूमा पनि लागु हुन्छ । यसको चुरो के हो भने, वातावरणीय परिवर्तन र मौसम बदलीले जनावर अनि जीवजन्तुको बानी, व्यवहार र जीवन पद्धतिमा प्रभाव पारिरहन्छ । त्यहीअनुकूल तिनले पनि आफूलाई बदल्न सक्नुपर्छ ।

अर्काको भाग नखोस्ने चरा

गिद्धहरू सिनोमा कसरी झुम्मिन्छन् ! एउटाले तानेको मासु अरूले कस्तरी तान्छन् ! काग त्यस्तै हुन्छन् ।

कुखुरा, हाँस सबैले लुछाचुँडी गरेको देखिन्छ । तर बेलायतमा यस्ता चरा भेटिए, तिनले अर्काको भाग नखोस्ने रहेछन् । अर्थात् समुद्रमा आफ्नै छेउमा रहेको छिमेकीको आहारा खानुभन्दा सयौँ किमि टाढा पुगेर आहारा खोज्ने रहेछन् । समुद्री चरा गानेटले साथीले देखोस् कि नदेखोस्, तिनले आफ्नो छिमेकीको आहारा टिप्दैनन् । आफ्नो क्षेत्रमा आहारा सिद्धिए बरू ती सयौँ किमि पर गएर आहारा खोज्छन् ।

आफ्नो बासस्थानमा कोही आयो भने यिनले डटेर मुकाबिला गर्छन् । अरूलाई आफू बसेको

ठाउँवरिपरि आउँनै दिँदैनन् । यी चराको बासस्थानको क्षेत्रफल पनि ठूलो हुन्छ । किनकि यिनलाई धेरै माछा चाहिन्छ । हरेकले धेरै ठाउँ ओगटेका हुन्छन् । तर आफ्नो क्षेत्रको माछा अरू कुनै छिमेकीले टिप्यो भने वास्ता गर्दैनन् । आफ्नो क्षेत्रमा माछा सकिएर छिमेकीकोमा बग्रेल्ती छन् भने पनि त्यसलाई चलाउने गर्दैनन् ।

बेलायतको लिड्स र एक्जेटर विश्वविद्यालयका अनुसन्धानकर्मीले यस्तो तथ्य पत्ता लगाएका हुन् । उनीहरूले बेलायतको समुद्री किनारमा ठूलो समूहमा अड्डा जमाएर बसेका नोर्दन गानेट चराका गतिविधि अवलोकन गरेर यस्तो तथ्य पत्ता लगाएका हुन् । तिनीहरूको अनुसन्धानको तथ्य वैज्ञानिकहरूको विश्वप्रसिद्ध पत्रिका द *साइन्सले* सार्वजनिक गरेको हो ।

अनुसन्धानअनुसार गानेट चराले समुद्रमा यहाँसम्म मेरो क्षेत्र हो भनेर चिह्न लगाउने, देखाउने वा अरूलाई लखेट्ने गर्दैनन् । ती बसेको ठाउँ (पाखा वा टापु) बाहेक अन्यत्र जहाँ जहाँ जसले आहारा समाते पनि वास्ता हुन्न । तर यी चरा आफैं इमानदार बन्छन् ।

कमिलाहरूले आफ्नो क्षेत्रवरिपरि अन्य समूहका कमिला आएर चर्न थाले भने वितण्डा मच्चाउँछन् । त्यहाँ लडाइँ सुरू भइहाल्छ । तर यी चरामा त्यस्तो हुन्न । यो खोजमा संलग्न अनुसन्धाताले यसले जीवजन्तुको आहाराबारे नयाँ ढङ्गले अनुसन्धान गर्नुपर्ने खाँचोलाई सङ्केत गरेको औंल्याए ।

फ्रान्स, बेलायत र आयरल्यान्डका कम्तीमा १४ ओटा अनुसन्धानकर्मी संस्थाका विशेषज्ञ मिलेर बेलायतको समुद्री तटमा गरिएको अनुसन्धानबाट यस्तो तथ्य पत्ता लागेको हो । ती अनुसन्धानकर्मीले कम्तीमा दुई सय नोर्दन गानेटमाथि अनुसन्धान गरेका थिए ।

कोइलीको घुसपैठ रोक्ने अक्कल

गौँथलीहरू किन घरका दलिन र छानाभित्र फुत्तफुत्त पस्दा रहेछन् ? यिनलाई मानव बस्ती, मान्छेकै घर किन यतिबिघ्न प्यारो ? रूखबिरूवा नपाएर, घरमा आहारा धेरै पाएर पनि त होइन । सिपालुहरूलाई छक्याउन पो रहेछ । कोइलीले आफ्नो गुँडमा चोरी गर्न नपाओस्, धाई आमा नबनाओस् भनेर पो गौँथलीहरू घरका दलिन, गोठका कोप्चेरा र भाटा खोज्दै आउने रहेछन् ।

आफूले भालेसित रमाइलो गऱ्यो । नाच्यो, गायो, मज्जा लियो । सुत्ने-उठ्ने सबै गऱ्यो । गर्भ पनि स्विकाऱ्यो । तर बचेरा कोरल्ने बेला चोरीचकारी गरेर, गोप्य रूपमा षड्यन्त्र गरेर धाई आमा खोज्ने चरा पनि हुन्छन् । आफूले पूरा

गर्नुपर्ने जिम्मेवारी अर्कै चरालाई हस्तान्तरण गरिदिन्छन् । आफ्ना फुल अरू नै चरालाई कोरल्न लगाउँछन् । बचेरा पनि हुर्काउन दिइने यस कामलाई बचेरा परजीवी (ब्रुड पारासाइट) भन्न सकिन्छ । यस्तो बानी मुख्यगरी कोइलीहरूमा धेरै पाइन्छ । सम्भवतः कोइलीहरूमै धेरै अनुसन्धान गरेकाले पनि हुन सक्छ ।

तर अघिल्ला रिपोर्टहरूले के देखाए भने गौंथली (मार्टिन एन्ड स्वालो) मा चाहिँ कोइलीले त्यसरी फुल राखिदिन सक्दो रहेनछ । त्यसको कारण के रहेछ भने कोइली चङ्ख हुन्छ । त्यसले घुसपैठ गरेर आफ्ना फुल कोरल्न लगाउँछ भन्ने जानकारी गौंथलीलाई हुने रहेछ । कोइलीको त्यही घुसपैठ रोक्न गौंथलीले अक्कल निकाल्छन् । मानव बस्ती छेउछाउ, मान्छेका घर र गोठमै गुँड बनाउने गर्छन् । किनकि कोइलीहरू मानव बस्तीबाट अलि परै बस्न रूचाउँछन् । घरका दलिनमा गुँड बनाएपछि कोइलीको आगमनको सम्भाव्यता नै कम हुने भयो ।

त्यसो त सबै चराले कोइलीले खुसुक्क आफ्नो गुँडमा राखिदिएको फुल नचिन्ने, आफ्नै ठान्ने होइनन् । केही चराले चिन्छन् । त्यसरी चिनेपछि गुँडबाट धकेलेर तल झारिदिन्छन् । केही चराले भने कोरल्छन् । सायद आफ्ना फुल कोइलीले खाइदिइसकेको हुनाले सन्तान उत्पादनको औधी चाहना हुने चराले आर्काको हो भन्ने जान्दाजान्दै पनि कोरल्छन् कि ? कोरलिइसकेपछि आफ्नै जात सरह हुन्छ भन्ठानेर पो झुक्किन्छन् कि ? खोजी भएको छैन ।

कोइलीका फुल साटिएका चराको गुँडलाई पोषक (होस्ट नेस्ट) चरा भनिन्छ । तर चाखलाग्दो के भने, कोइलीले फुल कोरल्यो भने त्यो बचेराले बाँकी फुल र बच्चा दुवै ढाडले अँचेटेर गुँडबाट तल खसालिदिन्छ । रौंसम्म उम्रिनसकेका बचेरा हुँदै यो हाम्रो जात होइन भन्ने तिनलाई हेक्का हुन्छ । कोइलीका फुल र बचेराबाहेक त्यो गुँडमा रहन दिँदैन । आफ्ना बचेराहरू वा फुल खसालिदिएर जब पोषक चराको आफ्नै बचेरा हुर्काउने आजन्म अधिकारबाट वञ्चित गरिन्छ, तब त्यो पोषक चराले आफ्नो सम्पूर्ण शक्ति र समय लगाएर परजीवी चरा हुर्काउँछ ।

कोइलीहरू गाउँ, सहर र बस्तीमा बस्न रूचाउँदैनन् । ती बस्तीबाट टाढा खुला ठाउँमा गुँड बनाउन रूचाउँछन् । गौंथली (मार्टिन एन्ड स्वालो) हरूको गुँडमा कोइलीको घुसपैठ कम हुनुको कारण नै तिनले मानव बस्तीमा गुँड बनाउनु रहेको वैज्ञानिक बताउँछन् । बार्न स्वालो नामक गौंथलीले चीनमा मुख्यतया घर, गोठबाहिरै गुँड बनाउँछ । यो चराले नेपाल, भारत र युरोपका धेरै देशमा घर, गोठ, मन्दिर र गिर्जाघरहरूमा गुँड बनाउँछ । चीनमा बाहिरै गुँड बनाए पनि बार्न स्वालो नामक गौंथलीको गुँडमा कोइलीको घुसपैठ कम पाइएको छ ।

यस तथ्यलाई वैज्ञानिक पुष्टि गर्न वैज्ञानिकहरूले बार्न स्वालो, हाउस मार्टिन र रेड रम्प्ड स्वालो नामक तीन प्रजातिका गौंथलीको गुँडमा ती चराको फुल जस्तै

कृत्रिम फुल राखिदिए । कोइलीले घर, गोठ र चर्चमा रहेका गुँडमा भन्दा बस्ती टाढाका गुँडमा धेरै फुल साटिदिएको पाइयो ।

कोइलीहरूको घुसपैठबाट बच्न गौँथलीहरूले धेरै वर्षदेखि मानव बस्तीभित्रै गुँड बनाउने बानीको क्रमिक विकास (इभोलुसन) गर्दै ल्याएका हुन् । त्यही कारणले गर्दा गौँथलीहरू आफ्ना गुँडमा कोइलीले साटिदिएको फुल ट्याक्क चिनेर मिल्काउन कम पारङ्गत छन् । चीनमा पाइने बार्न स्वालोहरू भने गाउँघरबाहिर गुँड बनाउने हुँदा कोइलीको घुसपैठको संवेदनशीलताबारे बढी ज्ञाता, चनाखा छन् । तिनले आफ्नो गुँडमा विदेशीको फुल छ कि छैन भनेर छिटो थाहा पाउँछन् । त्यो चिन्नासाथ तिनले तत्काल मिल्काइदिन्छन् । यसले के देखाउँछ भने, आफ्नो गुँडमा हुने वैदेशिक हस्तक्षेपलाई कसरी चिर्ने, असफल पार्ने र आफ्नो अस्तित्व जोगाउने भनेर वैकल्पिक उपाय निकाल्न केही चरा सक्षम छन् । यसले के पनि औंल्याउँछ भने, विदेशी चराहरूको अतिक्रमण रोक्न र परजीवीलाई नियन्त्रण गर्न केही चराले मानव क्रियाकलापबाट फाइदा लिन्छन् ।

सुन्दर भाले कम सफल ?

तपाईं सुन्दर हुनुहुन्छ भने धेरैका आँखा परिहाल्छन् । मान्छेले आँखा तन्काई तन्काई, गर्धन बटारी बटारी पनि हेर्छन् । खासगरी सुन्दर पुरूषलाई महिलाले छड्के परी परी हेर्छन् । सुन्दर महिला छन् भने पुरूषहरूले त झन् ज्यानै फालुँला झैं गर्ने भए । तर जीवजन्तुमा हेर्दा सुन्दर भएर मात्रै चल्दैन, बलिया पनि हुनुपर्छ, जसले पोथीको रक्षा गर्न सकोस् । उसबाट जन्मिने लालाबाला बलिया होऊन् । त्यसैले सुन्दर मान्छे र भालेलाई धेरैले पत्याउँछन् । कोही चाहिँ एक जनाले पनि नपत्याएर जिल्लाराम हुन्छन् ।

जीवजन्तुमा भने सुन्दर भालेले धेरै पोथी पट्याउने कारण अर्को पनि छ । भालेले धेरै

पोथीसित संसर्ग गर्न सक्ने, धेरैले पत्याउने कारण शुक्रकीटको खेल रहेछ । यस्ता कामुक (सेक्सी) भालेहरूले निर्बलिया, कुरूप भालेले भन्दा थोरै शुक्रकीट छाड्ने अर्थात् जोगाई-जोगाई छाड्ने रहेछन् । जोगाएर राखेको शुक्रकीटले धेरै पोथीलाई सम्भोग गर्‍यो, मस्ती लियो ।

आकर्षक भालेहरूसित सम्भोग गर्‍यो भने, तिनबाट कोरलिने बचेरा सुन्दर र स्वस्थ हुन्छन् भन्ने पोथीहरूले ठान्छन् । तर पछिल्लो अनुसन्धानले देखाएको छ– यस्ता सुन्दर भालेसित सम्भोग गर्दा सायद पोथीले ठाने जस्तो नहुन सक्छ । बरू कम उत्पादनमूलक हुन सक्छ । हेर्दा राम्रा, यौनको सन्तुष्टि पनि मज्जाले दिने तर प्रजनन क्षमता कम भएको हुन सक्छ ।

त्यो पत्ता लगाउन कसो गर्ने त ? वैज्ञानिकहरूले भालेले सहवास गर्ने बेला कसरी शुक्रकीट खसाल्छ, त्यसको मात्रा उसको थैलीमा कति हुन्छ भन्ने अनुसन्धान गरे । उसले सम्भोग गर्दा प्रयोग गर्ने मात्रा र त्यसको रणनीति पनि अध्ययन गरे । सम्भोग गर्दाको ढाँचा (प्याटर्न) अनुसार हरेक सम्भोगमा कति फरक पार्छन् । कति थोरै र धेरै प्रयोग गर्दा रहेछन् भन्ने पनि जाँच गरे ।

अघिल्ला अनुसन्धानले के देखाएका थिए भने पोथीसित कम पहुँच भएका भालेको भन्दा घरपालुवा कुखुरा, आर्कटिक चार भनिने माछाहरूमा जसको पोथीसित बढी पहुँच हुन्छ, तिनको प्रजनन शक्ति कम हुन्छ । जीवजन्तुमा केही प्रजातिका पोथी एउटा मात्रै पति, प्रेमी वा भालेसित सन्तुष्ट हुँदैनन् । ती यता र उति नचरी लगाउँछन् । भाले खोज्न चहार्छन् । एउटा भालेलाई खुब माया दिए झैं देखाउने, ज्यानै फाले झैं गर्छन् । तर यसो उसको आँखा छलेर अरू भालेसित लसपस गर्न खप्पिस हुन्छन् । आफ्नो भालेलाई कतै अल्झाएर बाहिरिया केही भालेसित सुटुक्क सम्भोग गर्छन् ।

यसरी एउटा पोथीले धेरै भालेसित संसर्ग गर्दा के हुन्छ ? पोथीसित सम्भोग गर्ने सबै भालेको शुक्रकीटबीच प्रतिस्पर्धा हुन्छ । भालेहरूको शुक्रकीटमा पोथीलाई गर्भ बसाल्ने, स्रोत, तत्त्व हुनाले तिनले सम्भोग गरेको हरेक पटक निकै सतर्कतापूर्वक प्रयोग गर्छन् । खुब जतन गरी खसाल्छन्, जसले गर्दा जति धेरै तिनले शुक्रकीट खसाल्यो, उति धेरै सङ्ख्यामा बचेरा कोरलिऊन् भन्ने हुन्छ । भालेले हरेक सम्भोगपिच्छे धेरै शुक्रकीट छाड्यो भने उसले प्रत्येक सम्भोगपिच्छे धेरै बचेरा पाउँछ । अर्थात् आफ्नो वंश फैलाउँछ । तर थोरै पटकको सम्भोगका आधारमा मात्रै त्यो लागु हुन्छ ।

अर्कोतर्फ, भालेले हरेक सम्भोगपिच्छे थोरै शुक्रकीट प्रयोग गर्‍यो भने उसले हरेक सम्भोगपिच्छे पितृत्वको मात्रा सञ्चय गरेको हुन्छ । त्यसले गर्दा समग्रमा उसले अझ धेरै पोथीलाई गर्भ बसाएर आफ्नो वंश फैलाउने अवसर पाउँछ । त्यसैले सम्भोगको सङ्ख्या र प्रत्येक सम्भोगको सफलताबीच विपरीत परिस्थितिलाई मिलाएर सन्तुलनमा ल्याउनु (ट्रेड अफ) भालेका लागि चुनौती हो ।

त्यो चुनौतीलाई उसले कसरी सम्झौता गर्छ भन्ने कुरा उसले कति सजिलोसित पोथीलाई आफूतिर आकर्षित गर्न सक्छ भन्नेमा भर पर्छ । भाले जति सुन्दर भयो, उति नै पोथीहरूले ऊसित सम्भोग गर्न खोज्छन् । त्यो भनेको प्रत्येक पटकको प्रजननका हिसाबले सम्भोगको महत्त्व घट्नु हो । किनकि पोथीसित सम्भोग गर्दा त शुक्रकीटको मात्रा घट्दै जान्छ । शुक्रकीटको मात्रा घट्दै जाँदा प्रजननको मात्रा घट्दै जान्छ । तैपनि यस्ता सुन्दर भालेसित धेरै पोथीले सम्भोग गराउने हुँदा समग्रमा चाहिँ यस्ता भालेका बचेरा धेरै नै हुन्छन् ।

अर्कोतिर अलि कम सुन्दर वा हेर्दा कुरूप भालेहरूको भने सम्भोगको निश्चितता कम हुन्छ । यस्ता भाले पोथीबाट कम पत्याइन्छन् । तर बल्लबल्ल मौका पाउने हुनाले यस्ता भालेले सम्भोग गर्दा प्रत्येक पटकको सम्भोगलाई शुक्रकीट प्रयोग गर्दा पनि उच्च प्राथमिकता दिन्छन् । हरेक सम्भोगलाई उच्च महत्त्व दिएर धेरै शुक्रकीट छाड्ने हुनाले यस्ता भालेको हरेक सम्भोगबाट बचेरा बन्ने सम्भावना पनि बढी हुन्छ । यसैका आधारमा अनुमान गरिएको हो– कम सुन्दर भालेसित सम्भोग गर्दाभन्दा सुन्दर भालेसित सम्भोग गर्दा कम उत्पादनशील हुन्छ ।"

तर प्रकृतिमा यसका अझ धेरै उदाहरण पनि छन् । सामान्यतया के विश्वास गरिन्छ भने, भाले जति सुन्दर भयो, ऊ जति उच्च गुणको भयो, उति नै उत्पादनशील हुन्छ । यसको गतिलो उदाहरण हो, लुइँचे (जङ्गली कुखुरा) । जङ्गलमा यी भाले र पोथी मिश्रित समूहमा बस्छन् ।

पोथीहरू थुप्रै भालेसित सम्भोग गर्छन् । त्यसैले भालेहरूले आफ्नो शुक्रकीटले अरूकोलाई जितोस् भनेर स्वतः प्रतिस्पर्धा गर्ने भए । तर लुइँचेहरूको सुन्दरता सामाजिक हैसियतका रूपमा यस्तो समूहमा बढी खडा हुन्छ । माथिल्लो स्तरका वा रबाफिला भालेहरूले पोथीहरूसित बढी सजिलोसित सम्भोग गर्छन् । तर तिनले कम शुक्रकीट छाड्छन् । त्यसका अतिरिक्त प्रभावशाली वा हैकमी (डोमिनेन्ट) भालेको शुक्रकीट कम गतिशील हुन्छ । प्रजनन क्षमता र प्रभावकारिता पनि कम गतिशील वा आश्रित भाले (सब अर्डिनेट) को तुलनामा कम हुन्छ ।

तर आजकाल वैज्ञानिकहरूले कृत्रिम रूपमा एउटा बलियो चराले अर्को कमजोर चरालाई ठुँगेर आफ्नो प्रभुत्व राख्ने प्रवृत्ति (पेकिङ अडर) लाई बदल्न सक्छन् । कम रबाफिला भालेहरूको प्रभावकारिता पोथीसित संसर्ग गर्दा बढ्छ ।

तर केही सुन्दर र केही कुरूप भाले मात्रै त हुँदैनन् । जिज्ञासा उठ्न सक्छ, उसो भए समान रूपमा सुन्दर भालेहरूबीच के हुन्छ त ? शुक्रकीट उत्पादनको स्रोत भिन्न खाले हुन्छ । तिनको गुण कसरी फरक पर्छ ? छोटो समयका लागि छाडिने शुक्रकीटको प्रभाव कस्तो हुन्छ ? मानिस धेरै सम्भोग गर्ने र छिट्छिटो सम्भोग गर्नेको शुक्रकीट पातलो हुन्छ भन्छन् । पातलो शुक्रकीटको असर सन्तान उत्पादनमा कम

प्रभावशील हुन्छ ? के फरक पार्छ, पातलो र बाक्लो हुनुले ? चरा, जीवजन्तुमा कस्तो हुन्छ ? के फरक पर्छ ? यो महत्त्वपूर्ण कुरा हो । जब भालेले एकदम छिटो शुक्रकीट उत्पादन गर्छ, तब उसले छाड्ने शुक्रकीटमा हुने वस्तुलाई असर गर्छ ।

तर वैज्ञानिकहरूलाई अहिलेसम्म के थाहा छैन भने, सुन्दर तर कमसल प्रजनन क्षमता भएका भालेहरूका कारण पोथीहरूले सुन्दर भाले खोज्न छाड्छन् कि छाड्दैनन् ? भालेले पोथीसित धेरै छिट्छिटो सम्भोग त गर्छन् । तर प्रजननको मात्रा घटाउँछन् । यो तरिका मानिस, बाँदरमा कसरी लागु हुन्छ भन्ने अझै जानकारीमा आएको छैन ।

सम्भोग गरिसकेपछि बाहिर निस्किने शुक्रकीटको मात्राको आकार र शुक्रकीटको गुणले चाहिँ बचेराको चरित्रलाई फरक पार्न, प्रभाव पार्न सक्छ ।

बचेरामा तनाव आजीवन तनावग्रस्त

गर्भवती महिलाले चुरोट पिए उसबाट जन्मिने बच्चालाई पनि असर गर्छ । मादक पदार्थ धेरै पिउने महिलाले जन्माउने बच्चाको स्वास्थ्यमा पनि दखल पर्छ । रोगी आमाबाट जन्मिएका बच्चा स्वस्थ हुने त प्रश्नै रहेन । यो जानेबुझेकै तथ्य हो । यो जीवजन्तुमा पनि लागु हुने रहेछ । चराका बचेराहरू तनावमा कोरलिएका छन् भने ती वयस्क हुँदा पनि तनावग्रस्त नै हुन्छन् । बचेराको विकासकालमा वरिपरिको वातावरणले प्रभाव पार्छ भन्ने यसैबाट प्रस्टिन्छ ।

जन्मिएलगत्तै तनावमय वातावरण हुनुले शारीरिक र अन्य आनीबानीको प्रतिक्रिया जीवनको पछिल्लो कालमा देखिन्छ । स्तनधारी जीवमा गरिएका अघिल्ला अनुसन्धानले यो तथ्य पत्ता

लगाउन मुस्किल परेको थियो । त्यसको कारण हुर्किने बेला तनावमय हर्मोनहरू बचेराले नै उत्पादन गर्नाले हो वा बच्चा हुर्काउने बेला दुधालु बन्ने अवधि (ल्याक्टेसन) का माध्यमबाट तनावमय हर्मोन (स्ट्रेस हर्मोन) माउले उत्पादन गर्नाले हो भन्ने यकिन हुन सकेको थिएन ।

यो पत्ता लगाउन वैज्ञानिकहरूले जेब्रा फिन्च नामक तितु चरामा अनुसन्धान गरे । ती चराको प्रारम्भिक जीवनकालको अनुसन्धान गरियो । चराहरूमा फुल पारिसकेपछि माउ र बचेराबीच हर्मोन स्थानान्तरणको सम्भावना हुन्न ।

अनुसन्धानकर्मीले १२ दिन पुगेका ३४ ओटा तितु चरा छाने । उनीहरूले हरेक जोडीमध्ये एउटा बचेरालाई बदामको तेलमा घसेर कोर्टिकोस्टेरोन भनिने हर्मोन दिए । त्यो तनावलाई बढाउने हर्मोन हो । कोर्टिकोस्टेरोन हर्मोनले धेरै खाले व्यवहार बदल्छ । शरीरका अङ्गलाई बदलिदिन्छ । तनावमय उत्तेजना वा बढावामा सामाना गर्न सहयोग गर्छ ।

उनीहरूले बाँकी चरालाई बदामको तेल मात्रै दिए । जब ६० दिनका वयस्कहरूमा तनावमय अवस्था सिर्जना गरियो, तब अनुसन्धानकर्मीले प्राकृतिक रूपमा त्यसको प्रत्युत्तरमा तिनले उत्पादन गरेको कोर्टिकोस्टेरोन हर्मोन जाँचे । जुन चराका बचेराले उच्च कोर्टिकोस्टेरोन हर्मोनको स्तर प्रदर्शन गरे, तिनले वयस्क हुँदा फरक किसिमले तनावमय हर्मोनको प्रतिक्रिया देखाए । तनावमय परिस्थिति सिर्जना गरिदिंदा नियन्त्रण गरिएका चराले भन्दा तिनले अझ बढी कोर्टिकोस्टेरोन हर्मोन देखाए । तर आराम गरेका बेला भने कोर्टिकोस्टेरोन हर्मोनको मात्रा नियन्त्रित र तनावमय बनाइएका चरा दुवैमा भिन्नता देखिएन ।

यस अध्ययनले के देखाउँछ भने, सीधै बच्चा जन्मिसकेपछिको (पोस्टनाटल) तरिकाले तनावमय हर्मोन (स्ट्रेस हमोन) को स्तर वा मात्रा बढाउँदा त्यसले चराको शारीरिक तनावमय प्रतिक्रियामा दीर्घकालीन परिणाम देखिन सक्छ । जङ्गली अवस्थामा मौसमको अवस्था, आहाराको अभाव र परजीवीका कारणले गर्दा देखाउन सक्छ । यस अध्ययनले के सुझाव दिन्छ भने प्रारम्भिक कालको तनावले किन जनावरको शारीरिक अवस्थालाई वयस्क भइसकेपछि पनि फरक पार्न सक्छ ।

पति छान्दा आफ्नै जिन खोजी

केटीहरूले के गर्दा मन पराउलान् ? कस्तो लुगाले आकर्षण गर्ला ? कसरी युवतीहरूले पत्याइने बन्न सकिन्छ ? कतापट्टि जुल्फी फर्काए आँखा पर्ला ? यो धेरै युवाहरूको चासोको विषय हो ।

जीवजन्तुमा पनि पोथीहरूलाई आकर्षित गर्न के गर्नुपर्छ भन्ने चासो नहुने होइन । असाध्यै सुन्दर, आकर्षक र सबैभन्दा उत्तम भाले पोथीहरूको छनोटमा पर्छन् भन्ने मान्यता आजकाल विस्तारै मोडिए जस्तो छ । खासखास वैयक्तिक भालेहरू सायद पोथीका अन्तर्निहित दृष्टिकोणबाट मिल्ने वा उपयुक्त हुन सक्छन् ।

आजकाल डेटिङ एजेन्सीहरूले कस्तो जोडी चाहेको हो भनेर बानी, इच्छा, सोख, शिक्षाबारे

उल्लेख गरेर विज्ञापन गर्छन् । यी गुण पनि महत्त्वपूर्ण त हुन्छन् नै । तर पछिल्लो अध्ययनले के देखाएको छ भने, कम्तीमा भँगेराहरूमा वंशाणुगत समानता छ कि छैन, आफूसित मिल्छ कि मिल्दैन भनेर हेर्ने गरेको पाइयो ।

पोथीहरूले कसरी, केका आधारमा जोडी रोज्छन् ? वैज्ञानिक चार्ल्स डार्बिनको प्रारम्भिक धारणाअनुसार सबैभन्दा सक्षम भालेहरू सबैभन्दा बढी पोथीहरूद्वारा रोजिन्छन् । त्यस्ता भालेले आफ्ना लागि जोडी छान्न सक्षम हुन्छन् भन्ने थियो ।

डार्बिनले के प्रस्ताव गरे भने सहायक (सेकेन्डरी) यौनिक क्रियाकलाप (क्यारेक्टर स्टिक) ले पोथीहरूलाई टाढैबाट झाट्टझुट्ट हेरेर कुन भाले सबैभन्दा तगडा छ भन्ने बुझ्न सहयोग गर्न सक्छ । उसले बचेरामा सबल र सक्षमता बढाउँछ ।

बीसौं शताब्दीको अन्त्यतिर केही अनुसन्धाताले फरक ढङ्गले अध्ययन गरे । सायद पोथीहरूद्वारा इच्छाइएको भाले नदेखेपछि त्यस्तो अध्ययन गरेका हुन सक्छन् । उनीहरूले डार्बिनको धारणालाई अलग किसिमले अध्ययन गर्दै सायद फरक पोथीले अन्तर्निहित दृष्टिकोणबाट (इन्ट्रिन्स्टिकल्ली) फरक भाले पो रोज्छन् कि ? जनावर हरूले आफूसँग प्रतिस्पर्धी, मेल खाने (कम्प्याटिबल) भाले रोज्छन् भन्ने प्रमाण बढ्दै गएका छन् । शरीरको रचना तत्त्वसित मेल खाने वा शरीरको उत्तकसित मेल खाने (हिस्टोकम्प्याटिबल) जिनले सायद सम्भोगको छनोटलाई प्रभावित गर्छ । त्यस जिनलाई खासमा हिस्टोकम्प्याटिबल कम्प्लेक्स (एमएचसी) भनिन्छ । एमएचसी जिन रोगनिरोधक पद्धतिमा मुख्य भूमिका खेल्ने जिनमा पर्छ ।

जोडीका बच्चाहरू एमएचसी जिनको आनुवंशिक गुण सञ्चालन गर्ने वंश प्रारूप (एमएचसी आलेल्स) हुन् । यो आलेल्स भनिने पनि एक खालको जिन नै हो । जसको पूर्ण रूप (आलेलोमोर्फ) मा फरक हुन्छ । ती रोगबाट बढी जोगिन वंशाणुगत रूपमै बढी शरीरमा मिल्ने बनिदिन सक्छन् ।

वैज्ञानिकहरूले घरमा पाइने भँगेरा (हाउस स्पाएरो) लाई जोडी छान्ने व्यवस्था मिलाएर अनुसन्धान गरे । केही पोथीहरू छानेर प्रत्येकलाई चार भाले छान्न पाउने गरी राखियो । त्यसमा एउटा नियन्त्रण गरिएको भाले थियो । अर्थात् मानिसहरूले राखिदिएमध्ये मात्रै छान्न पाउने थियो । त्यसमा एउटा नियन्त्रित पोथी राखियो । र फरकफरक तीन ओटा भाले थिए । पोथीहरूले नियन्त्रण गरिएको पोथीआसपास धेरै समय बिताएनन् ।

त्यो निर्क्योलअनुसार पोथीहरूको छनोटको स्वार्थ यौनिक थियो । सामाजिक वा समूहमा सँगै बसेर रमाउन होइन । अर्थात् सँगै बस्नुसित मात्रै सम्बन्धित थिएन । पोथीहरूले सम्भोगका लागि सबैभन्दा तगडा जोडी छान्दा धेरैजसो पोथीले एउटा वा केही जोडी छाने । तर वैज्ञानिकहरूले आम रूपमा यही नै नियम हो भनेर किटान गर्न सकेका छैनन् ।

त्यसबाहेक भालेहरूले उच्च एमएचसी जिन र अन्य विविधता भएका वैयक्तिक भाले नै छनोट गर्छन् भन्ने पनि सिद्ध गर्न सकेनन् । तर तिनले के पत्ता लगाए भने, न्यून सङ्ख्याको एमएचसी आलेल्स भएका पोथी आलेल्स मात्रै भएका भालेको आकर्षणमा पर्दा रहेछन् । यसले चराहरूमा यस्तो एउटा संयन्त्र देखाउँछ, जसले एमएचसी आलेल्स भएका वैयक्तिक भाले छान्न सक्छन् ।

यसले चराहरूले कुनै संशोधन नचाहिने जटिल तन्तु (हिस्टो कम्प्याटिबिलिटी कम्प्लेक्स) जिन भएकासित सम्भोग गर्ने बुझाउँछ । सबैभन्दा सुन्दर जोडी मात्रै रोज्दैनन् । बरू आफूसित मिल्ने, प्रतिस्पर्धी जोडी छान्छन् । मान्छेले जस्तै चराले पनि सम्भावित जोडीमा भालेको भित्री महत्त्व खोज्छन् ।

माउको समस्याले बचेरालाई खति

घरमा हेपिएकी, थिचिएकी आमा, परिवारले साह्रै हेला गर्ने, गालीगलौज गरिराख्ने, खाने कुरो र बस्ने थलो गए गुज्रेको, चर्को गर्मी सहनुपर्ने, चिसो सिरेटोमा लगलग काँप्दै बस्ने आमाले हुर्काएका बच्चालाई पछि असर गर्ला कि नगर्ला ? अवश्यै गर्छ । यस्तै प्रभाव चराका बच्चामा पनि पर्ने रहेछ ।

बट्टाई चराका माउहरूमा सामाजिक वातावरणको प्रभाव उसबाट कोरलिने बचेरामा पनि प्रत्यक्ष पर्छ । बचेराको हुर्काइ र तिनको आनीबानीमा पनि फरक पर्छ । बट्टाईहरूले एकअर्काबीच राम्ररी फरक छुट्याउन सक्छन् । त्यसले धेरैलाई आश्चर्य बनाउन सक्छ । आफ्ना नजिकका को हुन् ? नातेदार को हुन् ? कुन परिवार र समूहसित निकट छन् भन्ने उनीहरू जान्दछन् । तर धेरै

पहिलेदेखि नै थाहा भएको तथ्य के हो भने, सामाजिक वातावरण खराब छ भने त्यसले तिनलाई तनाव गराउँछ ।

वैज्ञानिकहरूले बट्टाई चराका फरक फरक समूहलाई मिश्रित गरेर एक ठाउँमा राखिदिए । त्यसो गर्दा ती फरक फरक समूहका बट्टाईहरू एक ठाउँमा बस्दा एकले अर्कोसित खुब आक्रोश पोखे । आक्रामक गतिविधि देखाए । एक समूहले अर्को समूहमाथि जाइलाग्न खोजे । त्यति मात्रै होइन, समानान्तर रूपमा तिनको समूहलाई दखल पुगेका बेला रगतमा टेस्टोस्टेरोन हर्मोनको मात्रा पनि बढ्यो । यसरी समूहलाई दखल पुऱ्याउने जस्ता सामाजिक वातावरण खलबल्याइदिँदा तिनमा सामाजिक तनाव उत्पन्न हुन्छ । त्यो तनावले टेस्टोस्टेरोन हर्मोनलाई उच्च बनाउँछ । सबै चरामा भने यस्तो हुँदैन । कुनै चरामा यसको प्रभाव ठ्याक्कै विपरीत हुन्छ । गाउँघरमा पाइने भँगेरा (हाउस स्पाएरो), चिखा (अमेरिकन कुट), डाङ्ग्रे (कमन स्टार्लिङ) हरूले बाक्लो समूहमा प्रजनन गर्दा एक्लाएक्लै वा एकान्तमा प्रजनन गरेका बेलाभन्दा टेस्टोस्टेरोन हर्मोन बढी भएको फुल पार्छन् ।

नयाँ अनुसन्धानले अर्को तथ्य पनि औंल्याएको छ । सामाजिक तनाव झेल्ने पोथीहरूले फुल ढिलो कोरल्दा रहेछन् । कोरलिइसकेपछि कम्तीमा पनि पहिलो तीन साता जति बचेरा अलि ढिलो हुर्किन्छन् ।

बचेराहरूले फरक फरक किसिमले व्यवहार गर्ने सङ्केत पनि देखिएको छ । ती बढी सतर्क देखिन्छन् । दखल पुऱ्याउँदा बढी संवेदनशील, प्रभावशील देखिन्छन् । ती बढी चलखेल पनि गर्छन् । यसले के देखाउँछ भने, ती सामाजिक सम्पर्कमा रहन चाहन्छन् । जोखिमबाट पार पाउन भाग्न खोज्छन् । अनुसन्धानले के देखाउँछ भने आफू कोरलिएको फुलमा जम्मा भएको स्टेरोइड हर्मोनले बचेराको हुर्काइ र आनीबानीमा प्रभाव पार्छ ।

त्यसो त स्तनधारी जीवका पोथीमा तनाव छ भने, तिनका बच्चा हुर्कने क्रमलाई प्रभाव पार्छ । त्यो बच्चा गर्भाशयमै हुँदा प्रभाव परेको हुन्छ । तर सामाजिक तनावले हर्मोनको मात्रामा यस्तो परिवर्तन ल्याउँछ । खासगरी चराको पहेंलो भाग (योल्क) मा भन्ने चाहिँ आश्चर्यको कुरा हो । यसरी बट्टाईको माउको सामाजिक वातावरणले बचेरा हुर्कनुअघिको समय बच्चा जन्मिसकेपछिको पालनपोषण (प्रिनाटल नुर्चुर) एकदमै महत्त्वपूर्ण हो । चरामा जस्तै स्तनधारी जीवमा पनि यो लागु हुन्छ ।

डरपोकका पखेटा छरिता र लामा

अण्डाशयबाट बीजान्ड निस्कने (ओभुलेसन) बेला परभक्षीको त्रास, धम्की बेहोर्छन् । तर परजीवीको त्रास नबेहोर्ने माउले भन्दा पोथीहरूले थोरै बचेरा पाउने गर्छन् ।

त्यसो त त्यस्ता माउले पाएका बचेरा पनि साना हुन्छन् । तर तिनको पखेटा छिटो विकास हुन्छ । परजीवीको त्रास र भय नझेल्नेका माउबाट कोरलिएका बचेराको भन्दा लामो पनि हुन्छ । त्यसको कारण उडेका बेला बढी सहजतासाथ परजीवीबाट बच्न हो ।

परभक्षीको उपस्थितिले सिकार हुने जनावरको आनीबानीमा परिवर्तन गर्न सक्छ ।

थुप्रै अनुसन्धानले के देखाएका छन् भने, परभक्षीसित बढी सामना गर्नुपरेका चराहरूले

गुँडमा मुकाबिला गर्ने बानी-व्यवहारको धेरै वृद्धि गर्छन् । आफ्ना हुर्किन लागेका बच्चालाई सक्दो चाँडो गुँडबाट बाहिर ल्याएर जोगाउने व्यवस्था गर्छन् । खासगरी परभक्षीको उपस्थिति निकट हुँदा चुपचाप बस्लान् भनेर हतारमा निकाल्छन् ।

पछिल्लो अनुसन्धानले के पनि देखाएको छ भने, परभक्षीको प्रभावले शारीरिक क्षति पनि पुऱ्याउँछ । जुन चराका माउले परभक्षीको त्रास धेरै खेप्छन्, तिनबाट कोरलिने बचेरा साना हुन्छन् । तिनको विकासमा कि स्टेस हर्मोनले दखल पुऱ्याएको हुनुपर्छ वा स्ट्रेस हर्मोनसित सम्बन्धित क्रियाकलापले ओथारो बस्ने क्रममा दखल पुऱ्याएको हुनुपर्छ भन्ने तथ्य स्विट्जरल्यान्डको बर्न सहरनजिक चिचिल्कोटे चरामा गरिएको अध्ययनले देखाएको छ ।

चरा उड्न सक्ने हुने अवस्था (फ्लेजिङ) को आकारले वा ऊ त्यो अवस्थाले भविष्यमा जीवित रहन्छ वा रहन्न भन्नेसित सम्बन्ध राख्छ । उड्ने बेला कमजोर छ भने, ऊ केही समयपछि मर्ने वा परभक्षीको मुखमा सजिलै पर्न पनि सक्छ ।

त्यसैगरी जुन माउले परभक्षीको भयसित धेरै सामना गर्नुपर्छ, परभक्षीको त्रास र जोखिम कम बेहोरेका माउबाट कोरलिने बच्चाको भन्दा त्यसका बचेराको पखेटा एक दशमलव आठ मिलिमिटर लामो हुन्छ । पखेटा लामो भएपछि उडान कार्यमा पनि फरक परिहाल्छ ।

सानो शरीर हुनुले के फरक पार्छ ? लामो पखेटा सानो शरीरमा जोडिँदा सायद पखेटाको भार घटाउँछ । यसो हुँदा उडान पक्कै पनि बढी प्रभावकारी हुन्छ । यसले समग्रमा चराको जीवनकाललाई बढाउँछ ।

गर्भमै जीवनको पाठ ?

यस्ता मानिससित सङ्गत नगर्नू । यस्तो ठाउँमा नजानू । यस्ता कुरा खाए खति गर्छ । यस्तासित लागे मति बिग्रिन्छ । जन्मिनुअघि नै गर्भमा रहेको बच्चालाई सिकाउन सके, जन्मिएपछि आमाको सास्ती कति कम हुँदो हो ? त्यो बच्चाले कति छिटो प्रगति गर्दो हो ? चराका माउले भने यस्तो यस्तो गर्नुपर्छ । यसरी जिउनुपर्छ भनेर फुलभित्रका बचेरालाई सिकाउन, शिक्षा दिन, अर्थ्याउन सक्छन् ।

चराका माउले फुल पारेपछि ती बचेरासित सञ्चार सम्पर्कका लागि एकखाले रासायनिक सन्देश (केमिकल म्यासेज) पठाउने गर्छन् । त्यस्तो सन्देश बचेरा फुलभित्र हुर्किरहेका बेला हुन्छ । जब

फुल पारेर कोरल्न थाल्छन्, तब बचेरा बन्ने क्रम पनि भइरहेको हुन्छ । त्यही बेला क्यानरी (गीत गाउने चरा) का माउले विकासक्रममै रहेका आफ्ना बचेरालाई खबर पठाउँछन् । तिनले तिमीहरू हुर्केपछि यस्तो यस्तो खालको जीवन जिउनुपर्नेछ भन्ने सन्देश फुलभित्र पठाउँछन् । त्यहीअनुसार गुँड छाडेर बाहिर जान नसक्ने चराका बचेरा (नेस्टलिङ) हरूले पनि माउसित गर्नुपर्ने व्यवहारबारे सिक्छन् ।

त्यसो त सबै चरा एकै हुँदैनन् । एकै प्रजातिका चरामा पनि स्वभाव एकै खाले हुन्न । हरेक चरा नै पिच्छे फरकफरक हुन्छ । कुनै बचेराका गतिविधिमा बढी सहनशील हुन्छन् । तिनका मागमा बढी ध्यान दिने हुन्छन् । कुनै बढी मनकारी हुन्छन् । कुनै हुँदैनन् । बढी मनकारी जोडीले कोरलेका बचेरा छन् भने तिनबाट सन्देश पाउँदा माउसित बढी माग गर्छन् । धेरै अराल्छन् । खासगरी आहारा माग्न आफ्नो इच्छामा बढी जोरजुलुम गर्छन् । लोभी, कन्जुस, माउबाट कोरलिएका बचेरा छन् भने, त्यस्ता बचेराले कम माग गर्छन् । थोरै अराल्छन् ।

फुलमा माउको यस्तो सन्देश पाएपछि बचेराहरूको तौल छिट्छिटो बढ्छ । किनकि माउले दिन सक्ने आहारासित बचेराहरूले आफ्नो अनुकूल मिलाउँछन् । त्यस्तो सन्देश पाएपछि अति थोरै माग्ने गरेको भए वा माउबाट अलि बढी पाइने सम्भावना भए बढी माग्छन् । थपेर लिन्छन् । वा माउले उपलब्ध गराउने मात्रा आफ्नो मागभन्दा कम भए घटाउँछन् ।

माउले फुलमा दिन सक्ने पदार्थहरूले बचेराको विकासमा प्रभाव पार्छ भन्ने धेरै पहिले जानकारीमा आएको हो । तर अहिले के थप रहस्य पत्ता लाग्यो भने, आफ्ना बचेराको आवश्यकता र मागभन्दा पनि आफूलाई उपयुक्त, सहज बनाउन माउहरू लोभी, कन्जुस बन्ने रहेछन् । तर माउले फुलबाट दिने पदार्थहरू बचेरा उपयुक्त होस् भन्नकै लागि हो । तर हामीले अनुसन्धानगत रूपमै सन्देशलाई फुलमा बिगार्ने, भद्रगोल पार्ने हो भने, त्यसले बचेरालाई नै दण्ड दिन्छ । प्रत्यक्ष रूपमा माउलाई भन्दा सजाय हुन्छ ।

परभक्षीको जानकारी दिन फ्याटफ्याट

ओहो ! त्यताबाट बाघ गर्जिए जस्तो छ है । लौ है रूख चढ । अनौठो आवाज आ'को छ हो, खोसरखोसर गऱ्या छ, भालु जस्तो छ ।

जङ्गलमा ज्यानै लिने खाले परभक्षीको सुइँको पाउँदा मानिसहरू चिच्याएर वरिपरिकालाई थाहा दिन्छन् । कि त सुसेलेर त्यस्तो खबर गर्छन् । परभक्षी, हिंस्रक जीवबाट सबै बचियोस्, शत्रुले कसैलाई निसाना लगाउन नपाओस् भनेर परभक्षी आएको सङ्केत गर्ने जीवजन्तुका पनि आफ्नै भाषा हुन्छन् ।

मयूरले क्वाँ ओ, क्वाँ ओ गर्छ । त्यो सुनेपछि वरिपरिका अरू मयूरले मात्र होइन, चित्तल र बाँदरले पनि कान ठाडो पार्छन् । टाउको तन्काएर हेर्छन् । बाँदरहरूले ख्वायँक ख्वायँक

गर्दै परभक्षी वा हिंस्रक भएतिर हेर्ने र वरिपरिका अन्य जीवतिर हेर्ने गरेर सङ्केत गरिदिन्छन् । चित्तलहरू भुइँमा खुट्टा फ्याट्टफ्याट्ट बजाने गर्छन् । कान फिटफिट चलाउने गर्छन् । आवाज निकाल्छन् । हात्तीहरू खुट्टाले भुइँमा धसार्छन् । नाङ्ला जत्रा कान फट्फटाउँछन् । जङ्गली जीवनमा परभक्षीसित बचेर जिउन अनेक भाषा जन्नुपर्छ । छक्याएर आउने हिंस्रक जन्तुका अक्कलको ज्ञान हुनुपर्छ । त्यस्तो अक्कल जङ्गली अवस्थामा जिउने सबैजसो जीवका हुन्छन् । चराहरूमा पनि त्यस्तो सङ्केत नहुने प्रश्नै रहेन । बरू चराका प्रजातिपिच्छे ती भिन्न हुन्छन् ।

अस्ट्रेलियामा पाइने ओसिफाप्स लोफोटेस नामक एक थरी परेवा हुन्छ । त्यस चराले परभक्षी देखेपछि एकदम अनौठो, अनुपम आवाज निकाल्न सक्छ । परभक्षी देखेपछि उसले त्यसको जानकारी अरूलाई दिन खुब आवाज निकाल्छ । उसको आवाज सुइँय्य सुइँय्य सिठी बजाए जस्तो हुन्छ । त्यो आवाज आउँदा उसले पखेटा निकै फटफटाएको देखिन्छ । किनकि यी चरा समूहमा बस्छन् ।

त्यो आवाज वास्तवमा मुखबाट निकालिएको हुँदैन । तर मुखैबाट निकालिएको ठानेर मानिस त झुक्किन्छन् नै । ती चरा वरिपरि बस्ने छरछिमेकका चरा पनि झुक्किन्छन् । "आहा कति राम्रोसित सुसेल्दो रहेछ," मानिस भन्छन् । तर होइन । उसले पखेटा फटफटाउँदा नै त्यस्तो खालको आवाज निकाल्न निपुण हुन्छ ।

केही चराले भने मुखबाटै आवाज निकाल्छन् । घुँघिला भनिने गरूड (एसियन ओपन बिल स्टोर्क) र सेतो गरूड (एसियन वुलिनेक्ड स्टोर्क) ले किटकिट, किटकिट गर्दै ठुँड बजाएर आवाज निकाल्छन् । लफिङ थ्रस (तोरीगाँडा) चरा यसको नाम जस्तै हाँसे जस्तो लाग्छ । कुनै जीव नजिक पुगेको जब थाहा पाउँछ, अनि त्यो चरा हाँस्न थाल्छ । कोक्ल्याक कोक्ल्याक, कोक्ल्याक कोक्ल्याक गर्दै पूरै वन नै थर्काउने गरी हाँसे झैं गरेर भाग्छन् । यो हाँसो जस्तो सामूहिक आवाजमा शत्रु तर्साउने शक्ति पनि हुन्छ । हामी पनि बलिया छौं, समूहमा छौं भन्ने त्यो हाँसो शत्रुका लागि धम्की पनि हो ।

हाम्रै गाउँघर अनि जङ्गलमा पाइने चिबे र गाजली चरा दुवैले अन्य चरा, धान कुट्ने मिल र अन्य जीवजन्तुको आवाज नक्कल गरेर गाइदिन्छन् । सामा भनिने चरा त झन् अरू चरा र जीवजन्तुको आवाज र गीत नक्कल गर्न सिपालु मानिन्छन् ।

तर अस्ट्रेलियामा पाइने अस्ट्रेलियन क्रेस्टेड पिजन (परेवा) ले भने एकदम उत्सुक लाग्ने आवाज पखेटा बजाएर निकाल्छ । त्यो आवाज उड्दा निकाल्ने गर्छ । तर जब ऊ उड्न छाडेर कतै बस्छ अनि त्यो आवाज बदलिइहाल्छ । त्यो चराले उडेका बेला आवाज निकालेको हो भन्ने कुरा बुझ्नेले मात्रै मेसो पाउँछन् ।

त्यस परेवाले त्यस्तो आवाज निकाल्दा मानिस झुक्किने नै भए । तर तिनै चरा वरिपरि, छरछिमेकमा जिउने अन्य चरा पनि त्यसले मुखबाटै निकालेको आवाज हो

भनेर झुक्किन्छन् । वास्तवमा त्यो पखेटाबाट निकालिएको हुन्छ । अस्ट्रेलियामा त्यो चराको चलनचल्तीको सामूहिक नाम 'ह्विस्लिङ विङ्ग्ड पिजन' हो ।

यो चरा उडेका बेला पखेटा तल झार्दा फरक आवाजबाट र पखेटामाथि लाँदा (डाउन बिट, अप बिट) फरक आवाज निकाल्छ । तर भयसूचक आवाज (अलार्म कल) वा सङ्केत भने छिटो हुन्छ । उसले नियमित रूपमा उडेका बेला निकाल्ने ध्वनिभन्दा चर्को हुन्छ । समूहका चराले नियमित उडानका क्रममा दैनिक निकाल्ने आवाज सुन्दा वास्ता नगरी, खासै केही नभए झैं चरिरहन्छन् ।

जब त्यो फरक आवाज सुन्छन्, तब ती भुर्र उडेर टाप ठोकिहाल्छन् । समूहका चरामध्ये ८० प्रतिशत डाँडातिर भाग्छन् । यस्ता आवाजमा चराहरूले बढी सतर्क भएर ध्यान दिन्छन् ।

परभक्षीको सङ्केत पाउँदा उडेका बेला यस्तो अनौठो आवाज निस्किने, अरू बेला उही चरा उडेका बेला र उसैगरी भागेका बेला पनि अर्कै आवाज आउने ? कसरी यस्तो हुन्छ ? जिज्ञासा लाग्नु स्वाभाविक हो ।

चराको पखेटामा विशेष प्वाँख हुन्छ । हो, त्यही प्वाँखले यस्तो आवाज निकाल्न प्रमुख भूमिका खेल्छ । चराले कति छिटो र ढिलो पखेटा फट्फटाउँछ, त्यसैका आधारमा आवाज पनि अलगअलग निस्किन्छ । त्यसरी आवाज निकाल्दा नियमित रूपमा निकाल्ने सुसेली बदलिएर चर्को र सुरिलो बन्दै सन्त्रासको सुसेलीमा बदलिन्छ ।

पोथीको ध्यान भालेका प्वाँखमा

गर्भवती महिलाका अगाडि उसको पतिले घिन्ताङघिन्ताङ मादल बजाएर छमछमी नाचिदियो। नारायणगोपाल, तारादेवी, अरूणा लामाका मनै छुने गीत गाइदियो । झ्याउरे र रोदीका भाका फिराई फिराई गायो । के पेटको बच्चालाई त्यसले प्रभाव पार्छ ? छिटो हुर्किन्छ ? हलहली बढ्छ ? फेरी फेरी झिल्के लुगा लगाएर पत्नीका अगाडि उभिँदैमा गर्भवती पत्नीको पेटको बच्चा छिटो बढ्ला ?

यी विषय अहिलेसम्म जानकारीमा आएका छैनन् । तर ओथारो बसेको पोथीअगाडि रङ्गी-बिरङ्गी भुत्लामा भाले चरो उभिदियो भने चाहिँ गर्भका बचेरालाई खुब प्रभाव पार्छ । थरीथरीका रङ भएका प्वाँख देखाउँदै भाले नाचिदिँदा उसका बचेरा छिटो हुर्किन्छन् ।

उत्तरी अफ्रिकामा पाइने हुबारा बुस्टार्ड भनिने बट्टाई जातको ठूलो चरामा अनुसन्धान गर्दा यो तथ्य फेला पर्‍यो । यस्तो प्रभाव यो मात्रै होइन, अन्य चरामा पनि हुन सक्ने वैज्ञानिकहरूले अनुमान लगाए ।

फुल पार्न बसेको कुखुराको पोथीअगाडि उसको भाले उभिदिँदा पनि पोथीहरूले छिटो फुल पार्ने रहेछन् । बचेरा अझ सफलतापूर्वक कोरल्ने तथ्य फेला परेको छ ।

हुबारा बुस्टार्ड चराका भालेले अन्य चराले भन्दा ठ्याक्कै छुट्टिने फरक खालको नृत्य देखाउँछन् । भालेको नाच हेर्ने पोथीहरू बढी उत्पादनशील देखिए । भालेको नाचले खुब प्रेरणा दिने रहेछ । तिनले बचेरा पनि अझ बढी सफलतासाथ हुर्काए । यसको कारण के हो भने, पोथीहरूले भालेका थरीथरीका रङ्का प्वाँख देखाउँदै गरेको नृत्य हेर्दा पोथीहरू रमाउने रहेछन् । त्यो बेला तिनको टेस्टोस्टेरोन हर्मोन वृद्धि हुन्छ । त्यो हर्मोन ओथारो बसेका बेला फुलमा सर्छ । हर्मोन बढेपछि त्यही हर्मोनको प्रभावले बचेराहरू छिटो बढ्छन् । तर प्राकृतिक तरिकाले त्यस्तो हर्मोन दिएर उत्तेजित बनाइदिँदा चाहिँ बचेरा र माउ दुवैलाई उल्टो असर पर्न सक्छ । माउको प्रजनन क्षमतामा असर पर्न सक्छ । त्यसैले गर्दा बचेरा कोरलिने क्रमलाई नै दखल पर्न सक्छ ।

त्यसो त एउटै प्रजातिका चरामा पनि सबै भालेले उत्तिकै तगडा नृत्य गर्न सक्दैनन् । चरापिच्छे यस्तो क्षमता, सीप र कौशल फरकफरक हुन्छ । कुनै भाले ठिक्क नाच्छन् । कुनै असाध्यै सिपालु हुन्छन् । कुनै भने अति कम नाचिदिन्छन् । यो भालेपोथी दुवैमा लागु हुन्छ ।

भालेको शरीरका तत्त्व, स्रोतलाई नियन्त्रण गर्न नसकिने पनि होइन । पितृत्वको क्षमतालाई बढाउन सकिन्छ । भालेको जिनको गुण बढाएर पोथीका लागि उपयुक्त बनाउन सकिन्छ । केही गुण थपिदिएर पोथीले रूचाउने बनाउन पनि सकिन्छ । तर त्यसका लागि प्राकृतिक तरिका नै अपनाउनुपर्छ । भालेले प्रीतिको नृत्य देखाउँदा विशेष खाले सङ्केत दिएको हुन्छ । त्यो अरू बेलाको भन्दा विशेष हुन्छ । यो अध्ययनले लोपोन्मुख चरालाई मानवनिर्मित बासस्थानमा हुर्काएर पुनःस्थापित गराउन महत्त्वपूर्ण शिक्षा दिन सक्छ ।

हुबारा बलौटे रङको मरूभूमिमा विचरण गर्ने चरा हो । यो उत्तरी अफ्रिकादेखि मङ्गोलियासम्म पाइन्छ । अरबी मुलुकहरूमा बाज लगाएर यो चराको सिकार गर्ने प्रचलन औधी लोकप्रिय छ ।

छोरी पाउन मरिहत्ते

नेपाल, भारत, भुटान, पाकिस्तानलगायत दक्षिण एसियाली मुलुकमा कतिपय मानिस छोरा पाउन मरिहत्ते गर्छन् नै । जतिसुकै विकसित भने पनि पश्चिमी मुलुकमा समेत अहिलेसम्म छोरा पाउन चाख राख्नेको सङ्ख्या धेरै छ । तर थुप्रै चराका जाति भने भालेभन्दा पोथी पाउनकै लागि मरिहत्ते गर्ने रहेछन् ।

हुन त वैज्ञानिकहरूलाई थाहा थियो, सेसिल वाब्लर (फिस्टे चरा), जेब्रा फिन्च (भँगेरा, बगडी समुदायको चरो) र ट्री स्वालो (गौँथली) ले किन आफ्ना बचेरा कोरलिनुपहिले चतुऱ्याइँपूर्वक चालबाजी गर्छन् भनेर । तिनले गर्ने चलाखी र चालबाजी जान्न धेरैजसो वैज्ञानिकले अहिलेसम्म

टेस्टोस्टोरन हर्मोनको अनुसन्धान गर्ने गरेका थिए । किनकि त्यसमा त्यही हर्मोनको भूमिका मुख्य हुन्छ भन्ने विश्वास गर्दै आए ।

धेरैजसो वैज्ञानिकले अहिलेसम्म टेस्टोस्टोरन हर्मोनको भूमिकाबारे मात्रै प्राथमिकतासाथ अनुसन्धान गर्ने गरेका रहेछन् । कोर्नेल विश्वविद्यालयका अनुसन्धाताले भने पछिल्लो पटक प्रोजेस्टोरोन भनिने हर्मोनहरूको पनि अनुसन्धान गरे । यो अनुसन्धानबाट पत्ता लाग्यो–पोथीहरूले पोथी कोरल्न फुल बन्ने प्रारम्भिक चरणमै प्रोजेस्टोरोन हर्मोन कम छाड्ने रहेछन् । उनीहरूले कि प्रोटेस्टेरोन हर्मोन बढी लगानी गरिदिने गर्ने रहेछन् । त्यसो गर्दा पोथीहरू बढी कोरलिने रहेछन् ।

अनुसन्धानबाट के पत्ता लागेको छ भने, जति कम प्रोजेस्टोरन हर्मोन लगानी गऱ्यो, भालेको सङ्ख्या उति कम हुन्छ । प्रोजेस्टोरन फुल बन्ने बेला पोथीले मुख्य रूपमा आफैंले लगानी गर्न सक्ने हर्मोन हो ।

ती चराहरूले पोथी बढी कोरल्न किन खोज्छन् ? वैज्ञानिकहरूका अनुसार आफ्नो बासस्थानमा जहाँ आहाराको सङ्कट बढी हुन्छ, त्यहाँ पोथीहरूले त्यस्तो गर्छन् । भालेहरूले भन्दा पोथीले अर्को बेतका बचेराहरूलाई आहारा खोज्न बढी सास्ती बेहोर्ने हुनाले पोथीहरूले बढी पक्षपाती व्यवहार गरेको हुन सक्ने बताएका छन् । एउटा अर्को तथ्य के पनि हो भने, स्तनधारी जीवहरूमा भाले वा पोथी के जन्मन्छ भन्ने भालेको शुक्रकीटमा भर पर्छ । तर चराहरूमा भने पोथीको क्रोमोजोमले भाले वा पोथी बन्नेमा निर्धारण गर्छ ।

प्रजनन सफलता हर्मोनमा निर्भर

केटी त्यस्ती राम्री छे । केटो चाहिँ ग्याँच्च परेको, केटीका त आँखै फुटेका हुन् । केटो गोरो, सिनित्त परेको, उज्यालो न उज्यालो, हँसिलो अनुहारको छ । केटी दाँत फ्याट्ट उछिट्टिएकी, हेर्दा पनि काली न काली धसिङ्गरेसित के देखेर बिहे गऱ्या होला । केटो बाँस जस्तो लम्बु, केटी चाहिँ खुर्सानीको बोटमा झटारो हान्ने खाले, पुड्की छे । त्यस्तो पटक्कै जोडी नमिल्ने पनि के हेरेर बिहे गरेका होलान् ?

गाउँघर होस् कि सहरबजार, यस्ता टिप्पणी सुनिन्छन् । तर मानिसहरूले नबुझेको तथ्य के हो भने, जोडी छनोट प्रक्रियामा शरीरमा हर्मोनले धेरै भूमिका खेलेको हुन्छ । अरू देख्दा राम्रो मानोस्, नमानोस् । कसैका आँखामा कोही नराम्रो देखियोस् । तर जब हर्मोनहरू एकअर्कामा मिल्छन्,

एउटाको हर्मोनले अर्कोलाई आकर्षण गर्छ । तब तिनले एकअर्कालाई असाध्यै सुन्दर, असल र राम्रो देख्छन् ।

त्यसो त शरीरमा थरीथरीका हर्मोन हुन्छन् । तिनले बच्चा जन्माउन, बच्चाको विकास गर्न, यौनिक रूपमा एकले अर्कोलाई आकर्षित गर्न, महिला र पुरूष, भाले र पोथी एकले अर्कोलाई आकर्षण गर्न हर्मोनले महत्त्वपूर्ण भूमिका खेल्छ । शरीरका हर्मोनहरूको काम पनि भिन्नभिन्न हुन्छ । भिन्न गतिविधि, कोष, शरीरका अङ्गमा भिन्नै खाले प्रभाव पार्छन् । वैज्ञानिकहरूले गरेको अनुसन्धानबाट के पत्ता लाग्यो भने, प्रोलाक्टिन र कोर्टिकोस्टेरोन हर्मोनले चराको प्रजनन याममा तिनको बानी-व्यवहारमा महत्त्वपूर्ण काम गर्छ ।

त्यो हर्मोनको मात्राले एउटा प्रजननकालको पोथीले कति ओटा फुल पार्छे । कुन बेला फुल पार्न सुरू गर्छे । कति समयको फरकमा पार्छे भन्ने पनि निर्देशित गर्छ । त्यसैले चरा र जनावरको हर्मोनको मिश्रण तिनको सन्तान जन्माउने सफलतामा महत्त्वपूर्ण पक्ष हो । यसले गर्दा तिनको क्रमिक विकास (इभोलुसन) पनि कता जान्छ, कसरी हुन्छ भन्ने सायद निर्देशित गर्छ ।

गाउँघरमा पाइने भँगेरा (हाउस स्पाएरो) मा अनुसन्धान गर्दा यो तथ्य फेलापऱ्यो । प्रजननकालअघि र पछिका भँगेरामा हर्मोनको मात्रा अनुसन्धान गरेर यो तथ्य फेला परेको हो । हरेक भँगेराको फुलको सङ्ख्या फरक, बचेराको सङ्ख्या फरक हुन्छ । तिनले कोरलिसकेपछि सफलतासाथ हुर्काउने बचेराको सङ्ख्या पनि फरक नै हुन्छ ।

प्रजननकालअघि जुन भँगेराको रगतमा कोर्टिकोस्टेरोन हर्मोन कम हुन्छ, ती धेरैजसो बचेरा हुर्काउन सफल हुन्छन् । खासगरी त्यो हर्मोन जुन चराको प्रजननकालअघि कम र प्रजननकालमा बढी हुन्छ, तिनको पुनरूत्पादन सफलता (रिप्रोडक्टिभ सक्सेस) पनि उच्च हुन्छ । किनकि तिनले ओथारो बस्न राखिएका फुलको झुन्ड (ब्रुड) मा प्रशस्त शक्ति लगानी गर्छन् ।

त्यसको विपरीत जुन जनावरले हर्मोनको प्रतिक्रिया धेरै जनाउँछन्, तिनमा तनाव उत्पन्न हुन्छ । त्यसले गर्दा आफ्ना बच्चालाई आहारा पनि कम खुवाउँछन् । बच्चा पनि थोरै जन्माउँछन् ।

वैज्ञानिकहरूका अनुसार प्रोलाक्टिन हर्मोनले पहिलो पटक फुल कहिले पार्छ भन्ने समय निर्धारण गर्न मुख्य भूमिका खेल्छ । यो हर्मोन उच्च हुने पोथीले छिटो फुल पार्न थाल्छन् । त्यसको परिणाम ? बचेरा पनि धेरै कोरल्छन् । भाले र पोथी दुवैको हर्मोनमा समानता छ भने त्यसले झन् महत्त्वपूर्ण भूमिका खेल्छ ।

तर वैज्ञानिकहरूले के थाहा पाउन सकेका छैनन् भने यस्तो अवस्थामा भाले र पोथी एकअर्काको हर्मोनलाई प्रभाव पार्छन् कि पार्दैनन् ? तिनले आफ्नो हर्मोनको मात्रासित मेल खाने जोडी पो रोज्छन् कि ? प्रोलाक्टिन र कोर्टिकोस्टेरोन हर्मोनले बच्चा जन्माउने प्रजननको अवस्था सुरू हुने बेला व्यक्तिगत लगानी गर्दा त्यसलाई नियन्त्रण गर्ने भन्नेमा अझ महत्त्वपूर्ण भूमिका खेल्छ ।

बत्तीमुनि प्रेम गर्न चरालाई नि लाज

भाले : *तिम्लाई बैंस ला छ कि ला छैन ?*
मलाई आजै नभेटी भा छैन ।
पोथी : *अलिअलि लाउन त लाकै हो*
बत्तीमुनि आउन त लाजै भो ।

पतिपत्नी, प्रेमी र प्रेमिका ओछ्यानमा रमाइलो गर्ने मुड चलिरहेका बेला बत्ती फ्याट्ट बल्यो भने दखल गरिदिन्न ? मध्यरातमा जोडीहरू यौनका अनेक क्रियाकलापमा रमाइरहेका बेला कोठामा एक्कासि उज्यालो पस्यो भने मुड नै खराब गरिदिन्छ । वा उज्यालो बत्तीमा यौनक्रिया गर्न मानिस लजाउँछन् । झन् झलमल्ल उज्यालो भएका बेला एक्लै हुँदा पनि वस्त्ररहित हुनुपर्दा

खासगरी महिलाहरू लाजले भुतुक्क हुन्छन् । उज्यालोमा यौनजन्य क्रियाकलाप गर्न लाज मान्ने त मानिस मात्रै होइन, जीवजन्तु पनि हुन् । प्रकाशमुनि मायाप्रीति लाउँदा चराहरूलाई पनि दखल पर्ने रहेछ । चराको पनि मुड बिगारिदिने रहेछ ।

जतातत‌ै सहरीकरण बढ्दो छ । त्यसैले बत्ती बलिरहेको हुन्छ । त्यसले प्राकृतिक बासस्थानमा यौन संसर्ग गर्ने चरालाई दखल पार्छ । खासगरी सङ बर्ड भनिने धेरै गीत गाउने (गायक चराहरू) चराहरूको यौन क्रियाकलापलाई बढी असर पार्छ । रासायनिक (केमिकल) र ध्वनि प्रदूषणको तुलनामा प्रकाश प्रदूषण (लाइट पोलुसन) अझै तीक्ष्ण हुन्छ । तैपनि यसको प्रभावबारे मानिसको ध्यान जाँदैन ।

प्रकाश प्रदूषणले चराको प्रजनन क्रियाकलापको समयमा प्रभाव पारेको हुन्छ । यस प्रभावले चराको सङ्ख्यामा कति असर पार्छ भन्ने यकिन गर्न सकिन्न । किनभने यसमा गहिरो अनुसन्धान हुन बाँकी नै छ । तर सडक बत्ती बल्ने छेउछाउको जङ्गल, बत्ती धेरै बलिरहने क्षेत्रमा बस्ने भाले चराहरूले बत्तीको प्रकाशभन्दा टाढा बस्नेले भन्दा बिहान छिटो गीत गाउँछन् । पोथीहरूले पनि छिटो फुल पार्ने रहेछन् । चिचिल्कोटे (ग्रेट टिट) चरामा गरिएको अनुसन्धानले के देखायो भने, सडक बत्तीनजिक बस्ने पोथीहरूले अन्यत्र बस्ने पोथीले भन्दा सालाखाला साढे एक दिन छिटो फुल पारे ।

जङ्गल छेउछाउको सडक बत्तीवरिपरि बस्ने भालेहरू पोथीलाई आकर्षित गर्न बढी सफल देखिए । तिनले एकभन्दा धेरै पोथी फकाउने गरे । त्यसको अर्थ प्रारम्भिककाल वा सुरूमा ओगटेको पोथी (त्यस्ता पोथीलाई सामाजिक पोथी भन्छन् । बच्चा जन्माउन र सेक्सका लागि मात्रै नभएर मूलतः अधिकांश समय सँगै बस्न, रमाउन अँगालिने) बाहेक अरू पोथीसित पनि संसर्ग गर्छन् । अर्थात् ब्याडका रूपमा आफ्नो बीज अरू पोथीसित पनि प्रयोग गर्छन् । तर बस्ने चाहिँ पहिलेकै पोथीसित गर्छन् । यसरी केही भालेहरू दुईतीनतिरका पोथीबाट बच्चा कोरल्छन् ।

यो तथ्य यसो हेर्दा त भालेका लागि फाइदैफाइदा हो । बढी काम गर्दा मिलेको बोनस जस्तो । ऊ आफ्नी पोथीको आँखा छलेर जति ओटीसित लसपस गर्न भ्याउँछ, उति मोज गर्छ । उति नै वंश फैलाउँछ । तर यो समग्र त्यो जातिकै चराका लागि हितकर हो भन्न चाहिँ सकिन्न । त्यस्तो छुस्सछुस्स चहार्दै हिँड्ने भालेका निम्ति पनि फाइदाजनक नहुन सक्छ । किनभने यो वर्षौंवर्षदेखि चल्दै आएको प्राकृतिक बानीव्यवहार र क्रमिक विकासमा आधारित छैन । एक्कासि कृत्रिम रूपमा देखापरेको स्वभावले त्यो जातिको दीर्घकालीन हित नगर्न सक्छ ।

बरू बिहानै उठेर गीत गाउन आउने भालेलाई चर्को मूल्य पर्न सक्छ । बिहान सबेरै उठ्नाले त्यस्ता भाले कम सुत्छन् । ती परभक्षीको मुखमा पर्न सक्ने सम्भावना पनि बढी हुन्छ । किनकि हिंस्रक जीव, चरा खाने जीवहरू एकाबिहानै उठेर सिकार खोज्न लागिसकेका हुन्छन् ।

पोथीहरूले भने एकभन्दा धेरै भालेहरूसित सम्भोग गर्ने हुनाले आफ्ना बचेराको गुण बढाउने मौका पाउँछन् । किनकि सबल भालेसित संसर्ग गर्दा तिनको गुण बचेरामा सर्छ । भालेको वीर्यले तिनलाई तागत पनि दिन्छ । धेरै भालेसित संसर्ग गर्ने हुनाले तिनले धेरै भालेकै गुण, पौष्टिक तत्त्व पाउने भए ।

तर यस्ता पोथीहरूले एकाबिहानै उठेर गाउने भालेहरू बढी गुणात्मक, स्तरीय, तगडा, स्वस्थ र बलिया हुन्छन् भन्ने सोच्न सक्छन् । त्यो भ्रम पोथीहरूमा मात्रै पर्न सक्छ । प्रकाश प्रदूषणका कारण पोथीले ठान्ने भालेको गुण र भालेको वास्तविक गुण र स्तरबीच फरक पर्न सक्छ । यसो हुँदा पोथीहरूले न्यून स्तरका भालेहरूसित संसर्ग नै गर्न छाड्न सक्छन् । जुन भालेहरू बिहान अलि ढिलो उठेर गाउन थाल्छन् । तर त्यसको मूल्य कति पर्छ भन्ने कुरा यकिन गर्न सजिलो छैन ।

नबिराई गन्न सक्ने चरा

वनको चरोलाई कसले गन्न सिकाउने ? कसरी सिकाउने ? न औंला पड्काएर गन्न सिकाउनु, न कालोपाटीमा लेखेरै देखाउनु । तैपनि केही चराले भटाभट नबिराई गन्न सक्ने रहेछन् । चिखा (अङ्ग्रेजीमा कुट) चराका पोथीले थुप्रै चराका फुल छरिएका ठाउँमा आफ्ना फुल ठ्याक्कै चिन्छन् । फुल पार्ने बेला वरिपरिका थुप्रै पोथी कहिलेकाहीँ शत्रुहरूबाट बच्न र सामूहिक प्रतिकार गर्न एकठाउँ जम्मा हुन्छन् ।

सामूहिक रूपमा मिसिएर फुल पार्दा धेरै चराका फुल छरिएका हुन्छन् । त्यस्तो बेला आफूले कति ओटा फुल पारियो । आफ्ना फुल कुन हुन् ? आफ्ना फुल बचाउन उनीहरूमा आफूले कति

ओटा पारें र ती कुनकुन हुन् भनेर चिन्ने क्षमताको विकास भएको हुन्छ । यी चराका कतिपय पोथीले छिमेकी पोथीका गुँडमा पनि फुल पार्छन् । त्यसले गर्दा पनि आफ्ना फुल कुन हुन् भनेर पोथीहरूलाई चिन्नुपर्ने आवश्यकता पर्छ । त्यसलाई वैज्ञानिकहरूले पोथीको प्रतिरक्षा संयन्त्र भनेका छन् ।

अमेरिकाको क्यालिफोर्निया राज्यस्थित शान्ता खरूजमा रहेको क्यालिफोर्निया विश्वविद्यालयका इकोलोजी एन्ड इभोल्युस्नरी बायोलोजीका सहायक प्राध्यापक बुर्स लिओनले ब्रिटिस कोलम्बियामा यस्ता सयौं चिखा चराबारे लगातार चार वर्ष अनुसन्धान गरे । थुप्रै चराका फुल भएको ठाउँमा आफ्ना अलग्गै चिह्न र फुल कति ओटा थिए भनेर फटाफट नबिराई गन्न सक्ने यी चराको क्षमता जीवजन्तुको दुनियाँमा नितान्त दुर्लभ हो । उनले अनुसन्धान गरेका यी अमेरिकन कुट चरा मूलतः पानीको धाप, सिमसार, दलदले र जलाशय वरपर बस्छन् । नेपालमा पाइने कुट चराको पनि बासस्थान समान हो । कहिलेकाहीँ यिनीहरूको एकै ठाउँमा निकै ठूलो समूह देखापर्छ ।

लिओका अनुसार सुरूमा उनले चिखाका माउले बचेराको कसरी हेरचाह गर्ने रहेछन् भनेर जान्न खोजेका थिए । जब यी चराका पोथीहरूले अरू पोथीका गुँडमा लुकीलुकी फुल पार्छन् भन्ने उनले जाने, तब आफ्नो अध्ययनको तरिका नै बदले । कोइलीले कागको गुँडमा लुकेर फुल पारिदिने र छक्याएर अरूलाई कोरल्न बाध्य पारे झैं यी चिखाले पनि अर्काको गुँडमा फुल पारेर हिंड्ने गरेको पत्ता लाग्यो ।

त्यसपछि लिओ र उनका सहयोगीले चार सयभन्दा बढी चिखाका गुँडमा गएर प्रत्येक दिन फुलको निगरानी गर्न थाले । त्यसो गर्नुको कारण के थियो भने कुनै पनि चराले दिनमा एकभन्दा बढी फुल पार्दैन । त्यसरी निगरानी गर्दा उनीहरूले लुकीचोरी अर्काको गुँडमा फुल पारिदिएको निकै फेला पारे । अनि अन्य पोथीले पारेका फुलको रङ र छिर्कामिर्काका आधारमा पनि फरक छुट्याउन सकिन्छ ।

"फुलको बनावट हातका औंलाको चक्र जस्तै हो," लिओ भन्छन् । हरेक फुलको बनावट भिन्न हुने गर्छ ।

त्यसरी लुकीचोरी गर्ने पनि आफ्नै गुँड भएका पोथीले रहेछ । ओल्लो-पल्लोपट्टिकैले चोरी गर्ने रहेछन् । त्यस्ता फुल कि माटोमा गाडिदिने वा गुँडमै राखेर आफ्ना फुलबाट बच्चा कोरलिएनन् भने विकल्पका रूपमा राख्ने गर्छन् । ढिलो कोरलेर बचेराको जिउन सक्ने सम्भावना न्यून गरिदिने विकल्पका रूपमा पनि प्रयोग गर्ने रहेछन् ।

भोक लाग्दा अर्कै आवाज

बच्चा रोयो । भोकाएछ कि ? एकदम चिच्याउन थाल्यो । बिरामी पो परेछ कि ? गोडै फालेर रून थाल्यो । चिसो भएर हो कि ? दिसा पो गऱ्यो कि ? आफ्ना बच्चाले के खोजेको छ, आमालाई केही मेसोसम्म हुन्छ । ठ्याक्कै पत्ता लगाउन त चिकित्सककहाँ नै लैजानुपर्छ । तर चराका माउहरूलाई भने यस्तो पत्ता लगाउन सजिलो छ । किनभने भोक लाग्दा तिनका बचेराले छुट्टै खालको आवाज निकालेर माउलाई सहज बनाइदिन्छन् ।

यसो भनौं, चराहरूमा हाम्रा बालविशेषज्ञलाई माथ गरिदिने ज्ञान हुन्छ । आमा आफ्ना बच्चाका साथी हुन्छन् । आमा आफ्ना बचेराका आफैं चिकित्सक हुन्छन् ।

अरू बेलामा भन्दा भोक लागेका बेला चराका बचेराले भिन्न खाले आवाज निकाल्छन् । लौ न आमा भोकले मर्न आँटें । यस्तो सङ्केत बोकेको आवाज माउले फ्याट्टै थाहा पाउँछे । वैज्ञानिकहरूले कोटेरो चरा (वेभर बर्ड) मा अध्ययन गर्दा यस्तो रहस्य पत्ता लगाए ।

कोटेरो चराका बचेराले दुई किसिमले आवाज निकाल्छन् । एउटा सुसेली हाले जस्तो । यो ध्वनि कम्पित गरे जस्तो सुनिन्छ । थरथराए जस्तो हुन्छ । यो आवाज भोकाएका बेला निकाल्छन् । यस्तो आवाज निकाल्ने पाटो चाहिँ चरापिच्छे फरक र भिन्न हुन्छ । यही आवाजका भरले माउले आफ्ना अलग अलग बचेरा कुन हो भनेर चिन्छन् ।

जब बचेरा भोकाउन थाल्छन्, तिनको आवाज अरू बेलाभन्दा फरक हुन्छ । मानिसका बच्चा भोकाउँदा पनि स्वर भिन्न हुन्छ । त्यस्तो बेला चर्को आवाज निकाल्छन् । चराका बचेराले पनि भोकाएका बेला चर्को आवाज निकालेका हुन्छन् । त्यो बेलाको आवाज बढी फुर्तिलो हुन्छ ।

म भोकाएँ भनेर माउलाई सङ्केत गर्ने हरेक चराको आवाज पनि तिनले हेरफेर गर्न सक्छन् । हरेक बचेरा त्यस्तो अनुपम कलाले युक्त हुन्छन् । यस्तो जान्न हरेक माउलाई सजिलो छैन । धेरैजसो माउ धेरै त जान्दछन्, तैपनि राम्रोसित जान्न हरेक माउ पोख्त बन्न सक्नुपर्छ । भोकाएकाको आवाजको सङ्केत माउले स्पष्टसित बुझ्न सक्नुपर्छ । नत्र बचेराको स्वास्थ्य र अस्तित्वलाई त्यसले प्रभाव पार्छ । बचेरा मर्न पनि सक्छन् ।

जाडो हुँदा, चर्को गर्मीले पोल्दा र डर तथा त्रासमा पनि बचेराले छुट्टै खाले आवाज निकाल्छन् भन्ने तथ्य त यसअघि पनि बाहिर आएको हो । माउले पनि डर, त्रास, जोखिम भएको ठाउँमा नजानु भन्न फरक आवाजले बचेरालाई सचेत पार्ने गर्छन् ।

कोटेरोको बचेराले आवाज निकाल्दा (भोकाएको वा अन्य बेला) आवाजको अवधि पनि अरू बेलामा भन्दा बदलिदिन्छन् । आवाजलाई उच्च स्वर र मन्द स्वरमा बनाउन सक्छन् । स्वरको तीखोपनालाई पनि तत्काल घटबढ गराउन सक्छन् ।

तिनको याचनाको आवाजको फैलावट र प्रचुरतालाई पनि घटबढ गर्न सक्छन् । त्यस्तो बेला अतिरिक्त अलिकति चर्को कम्पन थपिदिन्छन् । सुइँय्य गर्ने (सुसेल्ने) क्रमलाई घटाइदिन्छन् । त्यसो त बचेरा जति भोकाएको छ, उति नै उसको आवाज अनुपम हुन्छ । अरू बेलाको भन्दा एकदम फरक हुन्छ । यही कारणले पनि माउलाई बचेराको अवस्था, माग, अर्घेल्याइँ बुझ्न सजिलो पर्छ ।

तगडा गीत गाउने निरोगी

अलि मीठो गीत गाउनेलाई 'कोइलीको जस्तो स्वर' भनिन्छ । गीत गाउन कोइलीकै स्वर जस्तो तीखो र मीठो चाहिन्न । कर्कलाको पातमा सुसु गरे जस्तै स्वर छ भने त्यो मानिसले होस गर्नुपर्छ । किनकि वैज्ञानिकहरूका अनुसार त्यस्ता मानिस रोगी हुन्छन् । मानिसमा कत्तिको लागु हुन्छ, किटान गर्न नसकिए पनि चराहरूमा भने बेस्सरी लागु हुन्छ । चराले धेरै गीत गाउन सक्नु राम्रो स्वास्थ्यको सङ्केत हो ।

अनुसन्धानबाट पत्ता लागेअनुसार जुन भाले भँगेराले ठूलो स्वरमा गीत गाउँछ, उसको दिमाग ठूलो हुन्छ । रोग निरोधक क्षमता बढी तगडा हुन्छ । मधुरो स्वरमा गीत गाउनेको भन्दा समग्र रूपमा शरीरको बनावट पनि राम्रो हुन्छ ।

पोथीहरूलाई आफूतिर लोभ्याउने खालको हुन्छ । भाले चराले जति धेरै थरी गीत गाउन सक्यो, पोथीहरू उति नै तीसँग आकर्षित हुन्छन् । दीर्घकालसम्म सँगै बस्छन् भनेर वैज्ञानिकले धेरै पहिलेदेखि नै अनुमान गर्दै आएका हुन् । जटिल तरिकाले गीत गाउने भालेहरूले प्रजननकालमा कमजोरले भन्दा छिटो पोथी भेटाउँछन् भन्ने तथ्य निकै पहिले सार्वजनिक भएको हो ।

लामो समयसम्म भाका फेरीफेरी गीत गाउने भालेहरूले सायद पोथीहरूलाई बढी सन्तुष्ट बनाउन सक्छन् । तिनले अझ उत्कृष्ट तरिकाले बचेराको हेरचाह गर्न सक्छन् । बासस्थानको रेखदेख गर्ने जस्ता प्रत्यक्ष फाइदा दिन सक्छन् । किनभने ती बलिया र निरोगी हुनाले अरू भालेलाई सजिलोसित लगारेर राम्रा बासस्थान ओगट्न सक्छन् । बचेराको सुरक्षा गर्न तल्लीन हुन्छन् । त्यस्ता भाले स्वस्थ हुनाले बचेरामा पनि स्वस्थ जिन नै स्थानान्तरण हुन्छ । वैज्ञानिकहरूले यो पत्ता लगाउन ७० ओटा भाले भँगेराका पाँच सय जति गीतको विश्लेषण गरेका थिए ।

तिनले गाएका गीतलाई तिनको शारीरिक अवस्था र गीतको जटिलता (कम्प्लेसिटी) सँग दाँजेर अध्ययन गरियो । तिनमा भएको जिनको विविधता पनि कति छ भनेर दाँजियो । त्यसैगरी तिनमा भएको रोगनिरोधक क्षमता पनि अध्ययनका क्रममा विश्लेषण गरियो । तिनले चराको एचभिओसी (चराले गीत गाउँदा भूमिका खेल्ने मुख्य भाग) पनि नापेर हेरियो, जुन चराको मगज (ब्रेन) मा हुन्छ । त्यसरी हेर्दा के पत्ता लाग्यो भने, धेरै गीत गाउनेको एचभिओसी ठूलो हुने रहेछ । रगतमा हुने सेता कोष र राता कोषहरूको अनुपातका आधारमा निरोधक क्षमता पनि बढी तगडा हुने रहेछ ।

ती सेता कोषले कीटाणु (बग्स) मार्ने र राता कोषले शरीरमा प्राणवायु (अक्सिजन) सञ्चार गर्छन् । स्वस्थ चराहरूको शरीरमा सेतो कोषको मात्रा रातोको तुलनामा बढी पाइएको थियो ।

वैज्ञानिकहरूले के पत्ता लगाए भने, गीतमा एकदम धेरै भिन्नता भएका भालेहरूमा जिनको विविधता पनि बढी थियो । यो अध्ययन गर्नेमध्येका एक क्यानडाको युनिभर्सिटी अफ वेस्टर्न ओन्टारियोका प्राध्यापक पे फफका अनुसार भिन्न तरिकाले गीत गाउने भालेहरू प्रजननकालमा बढी यौनिक (सेक्सी) हुन्छन् । पोथीहरू त्यस्ता भालेका लागि मरिहत्ते गर्छन् ।

मयूरको पुच्छर एकदम लामो हुने कारण पनि यही हो । धेरै प्रजातिका पोथीले गीत लामो र विविध तरिकाले गाउन सक्ने भाले खोज्छन् । राम्ररी आहारा खान नपाएका बचेराहरू साना, कमजोर र तिनको मगज (ब्रेन) पनि कम विकसित हुन्छ । आहारा खाने, शत्रु पत्ता लगाउने र आहारा खान सिक्ने तरिकाको मुख्य अङ्ग स्नायुकोष हो । लामो भाकामा गीत गाउन सक्ने भालेहरूका त्यस्ता स्नायुकोष उच्च कोटिका हुन सक्ने वैज्ञानिकहरूले बताएका छन् । विकासक्रममा समस्यामा परेका वा राम्ररी हुर्किन नपाएका भालेमा भने दिमाग (ब्रेन) सायद सानो हुन्छ ।

थरीथरी गाउने बढी कामुक

घरवरिपरि भँगेरा फ्यार्रफ्यार्र गर्छन् । आँगनमै रमाउँछन् । चमचम गर्दै दलिनमै आउँछन् । च्युँच्युँ कराएको ख्याल पनि हुन्छ । लखेटालखेट गरेको पनि देखिन्छ । तर यिनले हाम्रै आँखाअगाडि, हाम्रै आँगनमा प्रेमको उपद्रो मच्चाएको ख्याल भने हुन्न । हाम्रै घरआँगनमा बसेर, दलिनमा ठाडो पर्दै गीत गाएर पोथीहरूलाई प्रेमप्रस्ताव राखिरहेका हुन्छन् ।

अनेक जुक्ति लगाएर पोथीलाई आकर्षित पो गर्ने रहेछन् !

चराले जति धेरै थरीका गीत नयाँनयाँ भाकामा गायो, त्यो चरा कति स्वस्थ छ भन्ने सङ्केत गर्ने रहेछ । त्यसरी चर्को स्वरमा गीत गाउनेहरूमा विशेष क्षमता पनि हुन्छ । वैज्ञानिकहरूले के पाए भने, चर्को स्वरमा गीत गाउने भाले भँगेराको दिमाग ठूलो हुन्छ । तिनका प्रतिद्वन्द्वीभन्दा समग्रमा ती बढी शरीर मिलेका बढी रोगनिरोधक क्षमता भएका हुन्छन् ।

थरीथरीका गीत भाका फिराईफिराई गाउन सक्ने चरा तिनका प्रतिद्वन्द्वीभन्दा बढी सक्षम साबित हुन्छन् भन्ने अनुमान वैज्ञानिकहरूले धेरै अघिदेखि गरेका हुन् । अघिल्ला अध्ययनले पनि के देखाएका थिए भने, अनेक थरी भाका निकालेर जटिल तरिकाले गीत गाउनेहरूले प्रजननकालमा छिटो जोडी भेटाउँछन् । त्यस्ता बैंसालुहरू पोथी फकाउन बढी दक्ष हुन्छन् । तिनका भाकाले पोथीहरूलाई तानिदिन्छ । लय फेरीफेरी भालेले गाउन थालेपछि पोथीहरू त्यस्ता भालेतिर मस्किन थाल्छन् । ती कामुक हुनाले पोथीहरू त्यस्ता भालेतिर बढी मस्किने हुन् । सुरिलो र लामो स्वर हुनेले सायद पोथीलाई सीधा फाइदा पुऱ्याउन सक्छन् । जस्तै बचेराको राम्रो रेखदेख, बासस्थानको रक्षा अथवा बचेरामा तगडा जिन स्थानान्तरण गरेर अप्रत्यक्ष फाइदा हुन्छ," वैज्ञानिकहरूको कथन छ ।

यो पत्ता लगाउन अनुसन्धाताले ७० भन्दा बढी भाले भँगेराका पाँच सयभन्दा बढी गीतको विवेचना गरे । तिनले शारीरिक अवस्थाको तुलनामा गाउने जटिल तरिका, जिनको फैलावट र रोगनिरोधक क्षमताको गुण सबैको अध्ययन गरे । चराको मगजमा हुने सङ्गीतसँग सम्बन्धित भागको आकार पनि तुलना गरेर हेरे । उनीहरूले के पाए भने धेरै गीत गाउने चराको एचभिसी ठूलो हुने रहेछ । त्यस्ता चराको रोग निरोधक क्षमता पनि बढी हुने रहेछ । राता रक्तकोषलाई रगतमा भएको सेता रक्तकोषसँग मापन गर्दा र तुलना गरेर हेर्दा ती सेता रक्तकोषले कीटाणु मार्ने काम गर्छन् । राता रक्तकोषले चाहिँ शरीरमा अक्सिजन सञ्चार गराउँछन् । बढी स्वस्थ चराहरूमा ती राता रक्तकोषको तुलनामा सेता रक्तकोष पनि बढी पाइए । चर्को र ठूलो स्वर हुनेहरूको जिनको फैलावट पनि बढी हुने पाइयो ।

मयूरको लामो पुच्छरले पोथीहरूलाई आकर्षण गरे जस्तै अनुसन्धाताको भनाइमा जटिल तरिकाले गीत गाउने क्षमता यस्तो गहना हो, जसले यौनिक छनोटमा महत्त्वपूर्ण भूमिका खेल्छ ।

चराका धेरै जातमा पोथीहरूले सुरिलो कण्ठ भएका थरीथरीका जटिल तरिकाले गीत गाउने भालेहरू रूचाउँछन् । त्यस्ता भालेले सम्भोग गरेर कोरलिएका बचेरा राम्ररी हुर्कने र शारीरिक विकास राम्रोसँग हुन सक्ने वैज्ञानिकहरूको तर्क छ । आहारा राम्ररी नपाएका भालेबाट निस्किएका बचेरा तुलनात्मक रूपमा साना र कमजोर हुन सक्ने सम्भावना बढी हुन्छ । तिनको दिमाग पनि कम विकास भएको हुन्छ । आहारा खोज्न, पक्रिन र चर्न जिम्मेवार स्नायु तरिका पनि सुरिलो कण्ठ र जटिल गीत गाउने भालेमा बढी हुने वैज्ञानिकहरूले बताएका छन् । त्यसो त शारीरिक विकासमा बाधा पुगेका वा तनाव (स्ट्रेस) खपेका भालेहरूको दिमाग पनि तुलनात्मक रूपमा सानो हुन्छ ।

गीत चोरिएर चरा हैरान

आफ्ना गीत चोरिएर हाम्रा गायक हैरान छन् । कोही गीत त लेख्छन् । तर त्यसलाई अरूले रिमिक्स गरिदिएर अर्कै बनाइदिन्छ । नाफा रिमिक्स गर्नेले लिन्छ । कोही ठ्याक्कै नक्कल गरिदिन्छन् । आफूले कति दुःख र मिहिनेत गरेर, कति समय खर्चेर गीत लेख्यो । घोत्रो सुकाएर गायो । त्यसलाई कसैले टपक्क टिपेर रेडियो वा टिभीबाट बजाइदिन्छ । जीवजन्तुमा न नाम, न दाम दुःख गर्ने त हेरेको हेर्‍यै हुन्छ ।

कतिपय भाले भाका फिराईफिराई गीत गाउन तगडा हुन्छन् । सुरिलो कण्ठले वरिपरिकालाई मन्त्रमुग्ध पार्छन् । तिनको स्वर यति मीठो हुन्छ कि, यसो लय हाल्नासाथ वरिपरिका पोथीलाई

आकर्षित गरेर आफूतिर तानिहाल्छन् । तर यिनमा समस्या के भने, कुनै पोथीले नमीठो गाए नपत्याउने हुन्छन् । मीठो गायो भने त्यही गीत अरू भालेले चोरेर गाइदिने गर्छन् । यस्ता मीठा गीत र सुरिलो कण्ठ भएका स्वरका धनी चरा पनि अरूबाट आफ्ना गीत चोरिएर हैरान छन् । मिहिनेत गरीगरी गीत गायो, अरूले नक्कल गरेर उस्तै गाइदिन्छन् । गीत गाउने मूलीलाई परेन त मर्का ?

अरूले गीत गाउँदा त्यो सुनेर चराहरूले सिक्ने कोसिस पनि गर्छन् । भाका फिराईफिराई गाउने भालेका गीत गाउन नजान्नेहरूले ध्यान दिएर सुन्छन् । किनकि गीत मीठो नगाए पोथी नपाएर जिल्लाराम पर्नुपर्छ । कतिपयले आफूले सिकेको अरूले नदेखोस्, नक्कल नगरोस् भनेर झाडीमा लुकेर सुन्छन् ।

सिकारू झन् बाठा हुन्छन् । तिनले दक्ष गीत गाउने चराको गीतको भाका टिप्ने गर्छन् । जान्नेले गाएको गीत सुनेर कुनैकुनैले त क्षणभरमै ठ्याक्कै नक्कल गरिदिन्छन् । चराहरूमा पोथीहरूले मीठामीठा गीत गाउने, भाका फेरिफेरि सुरिलो कण्ठले गाउने भालेहरू रूचाउँछन् । किनभने यस्ता भाले बढी स्वस्थ हुन्छन् । मीठो कण्ठका धनीले गीत गाइरहने हुनाले आनन्दले सुन्न पाइन्छ । यस्ता भालेले गीत गाएर वरिपरिको वातावरण नै रोमाञ्चक बनाइदिन्छन् । मीठामीठा गीत रचना गर्न यस्ता भालेले साधना पनि निकै गर्नुपरेको हुन्छ । रोग निरोधक क्षमता पनि यस्ता भालेसित बढी हुन्छ । त्यसैले त्यस्ता भालेबाट भविष्यमा जन्मिने बचेरा पनि निरोगी हुन्छन् ।

भालेले पनि राम्रा र सुन्दर पोथी रूचाउँछन् । पाएसम्म धेरैसँग आनन्द लिन रूचाउँछन् । त्यसैले भालेहरूबीच पोथीलाई फकाउन मीठामीठा गीत गाउने प्रतिस्पर्धा चल्छ । त्यसरी गीत नक्कल गरिदिएपछि पोथीहरू पनि झुक्किन्छन् । अनि भालेहरूबीच पोथीका लागि झन् बढी प्रतिस्पर्धा बढ्छ । राम्रो गीत गाउनका लागि भालेहरूले निकै समय दिनुपर्छ ।

पोथीहरू फकाउन मीठो गीत चाहिने भएकाले चराले दिनभर गाएका गीत राति निद्रामा पनि सम्झीसम्झी ताल र सुर कण्ठ गर्ने गर्छन् । सिकारूहरूले पनि दिनभरि जान्नेबाट सुनेका गीतको भाका र लय राति ठ्याक्कै मिलाउने कोसिस गर्छन् । सुनेको गीत मिलाउन दोहोऱ्याइरहनुपर्छ । सिक्ने, चोर्ने, लुकेर सुन्ने, कण्ठ पार्ने गर्छन् । मीठामीठा गीत गाएर पोथीलाई भुतुक्कै पार्छन् । चरा पनि दुनियाँमा गीत र भाकाको महत्त्व, विस्तारका लागि नेपाली साङ्गीतिक फाँटका चर्चित व्यक्तिभन्दा कम छैनन् ।

वैज्ञानिकहरूका अनुसार प्रतिस्पर्धीहरूले गीत नक्कल गरिदिएर निपुणहरूलाई हैरान पार्छन् । आफ्ना प्रतिद्वन्द्वीलाई हराउन केही चरा अझ मीठामीठा गीत गाउन

तल्लीन हुन्छन् । ब्राजिलको अमेजन जङ्गलमा पाइने पेरूभियन वार्बलिङ आन्टबर्ड र एलो ब्रेस्टेड वार्बलिङ आन्टबर्ड भनिने चराको गीतबारे वैज्ञानिकहरूले अनुसन्धान गरे । ती चराले गाउने समान खालका गीतको अध्ययन गर्नु उनीहरूको ध्येय थियो । त्यस्तो समान प्रकृतिको गीतले दुई भिन्न चरामा कसरी प्रतिस्पर्धा गर्छ ? कसरी प्रभावकारी भूमिका खेल्छ भनेर थाहा पाउनु पनि थियो ।

वैज्ञानिकहरूले के पत्ता लगाए भने, भालेहरूको समान प्रकृति र स्वरको गीतले धेरै नै द्वन्द्व बढाउने रहेछ । बासस्थानको रक्षा र प्रजननमा पनि त्यसले द्वन्द्व बढाएको वैज्ञानिकहरूले पत्ता लगाए । भिन्न प्रजातिका यी चराबीच प्रजनन भएर ठिमाहा बचेरासमेत जन्मिने गरेको पाइयो ।

वैज्ञानिकहरूले गीतको संरचना र त्यस गीतले सङ्केत गर्ने कामबारे पनि अध्ययन गरे । किनभने उनीहरूलाई पहिले नै थाहा थियो, यी दुई भिन्न खाले चरा सामाजिक प्रतिस्पर्धी हुन् ।

तिनले यी प्रजातिका चरा पेरू र बोलिभियामा अध्ययन गरेका थिए, जहाँ ती दुवै चराको बासस्थान छ । ती दुवै खाले चरा बस्ने एकान्त ठाउँ छानिएको थियो । सर्वप्रथम वैज्ञानिकहरूले दुवै प्रजातिका चराको तीन खालका सङ्केत अभिलेख गरे– गीत, आवाज र शरीरको रङ । एक सय ५० ओटा चराका पाँच सय चार ओटा गीत अभिलेख गरियो । दुवै थरीको गीतको महत्त्व थाहा पाउन ती गीतलाई दुवै प्रजातिका फरक फरक चरालाई सुनाइयो ।

त्यसो गर्दा परिणाम के देखियो भने, दुवै प्रजातिका चराको बासस्थानमा गाउने (बासस्थान रक्षाका लागि अरूलाई सङ्केत गर्न, लखेट्न, धम्की दिन गाउने) गीत खासगरी ती दुवै बसेको ठाउँमा समान भेटियो । यस्तो ठाउँमा गाउने गीत दुवैले एकअर्कालाई समान किसिमले धम्की दिने गरी गाउने रहेछन् । बासस्थानको रक्षाका लागि गाउने गीतबाहेक आवाज र रङ भने एकदमै फरक थिए । उनीहरूले बासस्थानको रक्षाका लागि गाउने गीत ढाँचा र प्रयोगमा अलिकति मात्रै फरक पर्ने रहेछ । किनभने करिब ३० लाख वर्षपहिले तिनका पुर्खा एउटै थिए ।

त्यसैले ती चराका भालेले एकअर्काको नक्कल गरे । नौलो भाका सुन्दा चोर्ने गरे । तिनले समान तरिकाले एकअर्काको भाका र लय नक्कल गरी गरी गाइदिने हुनाले पोथीहरू पनि कुन भालेले कुन गीत गाएको हो भनेर झुक्किएको पाइयो । एकान्तमा गएर निकै कोसिस गरी नयाँ भाका र लय सिक्ने, नयाँ भाका सिर्जना गर्ने भालेहरू हैरानीमा पर्दा रहेछन् । किनकि यिनले अनेक कोसिस र मिहिनेत गरेर सिकेको नौलो भाका, सुरिलो लय अन्य भालेहरूले तत्कालै चोरेर गाइदिंदा रहेछन् । नेपालमा पाइने गाजली चरा, कोकले, चिबे चराले पनि अन्य चराका गीत नक्कल गर्छन् ।

लय फेर्न बाध्य

चैत, वैशाख सुक्खा हुन्थ्यो
हुन छाड्यो अब
वातावरण बदलियो
बिथलियो सब

सधैं उस्तै गीत गाउनेलाई
हुन थाल्यो क्षय
आफ्नै झाडी रूख, बुट्यानमै
हुन थाल्यो भय

सायद चराहरू अहिले यसैगरी आफ्ना दुःख, आक्रोश र वेदना अनि परिवर्तनले ल्याएको असरको दुःखेसो गर्दा हुन् । मानवीय विकास र परिवर्तनले ल्याएको प्रभावले गर्दा चराहरूमा नौलो बानी देखिँदै छ । त्यसो त त्यस्तो असर चरा र जीवजन्तुलाई मात्रै होइन, मानिसलाई पनि परिरहेको छ ।

कसैले छिमेकीको अघिल्लो घरमा माइकमा भजन लगाएको छ । स्पिकर चर्को पारेर गीत लगाइरहेको छ भने कोठामा रेडियो सुन्ने, गीत गाएर व्यायाम गर्नेलाई असर परिहाल्छ । कि त चुपचाप बस्नुपर्‍यो कि त्यो स्पिकरभन्दा पनि अझ चर्को स्वरमा सुन्नु, गाउनुपर्‍यो । जसले गर्दा बाहिरको आवाजलाई आफ्नो स्वरले जित्न सकोस् । त्यसरी सधैंको भन्दा, आफूले चाहेको भन्दा चर्को स्वरमा गाउँदा पक्कै पनि स्वास्थ्यलाई असर पर्छ । दैनिक जीवनलाई खति पुर्‍याउँछ । आजकाल हाम्रा बस्तीवरिपरि बस्ने चराले पनि यस्तै समस्या भोगिरहेका छन् । सहरी जीवनमा बस्ने चराहरूलाई जङ्गली जीवन र सहरिया जीवनको प्रभावसित सामञ्जस्य मिलाउन मुस्किल परिरहेको छ ।

त्यति मात्रै कहाँ हो र ? ट्राफिक र उद्योग, कलकारखानाको चर्को ध्वनिले गर्दा तिनको अस्तित्वलाई नै बरू सङ्कटमा पार्दै लगेको छ । ती अरूलाई तर्साउने, भयभीत पार्ने र भयजनक गीत कम गाउन बाध्य भएका छन् । कि त त्यो हल्लालाई चिर्न सक्ने गरी चर्कोसित गाउनुपर्छ । किनभने स्वर कतै नसुनिने गरी तर्साउने गीत गाउनुपर्छ । तर त्यो उति प्रभावकारी हुन्न ।

भालेका गीतहरू सबै नै पोथीहरूले सुन्न सक्ने हो भने, ती कामुक भालेतिर आकर्षित हुन्छन् । तिनले कामुक गीत सुन्न पाएनन् भने जुन भालेको गीत सुन्छन्, त्यतै जानुपर्छ । यद्यपि त्यो मधुर आवाजकै किन नहोस् । यसो हुँदा तगडा, बलिया र निरोगी भालेहरू पनि पोथी नपाएर जिल्लिनुपर्ने हुन सक्छ । जब कि पोथीहरूले

त्यस्तै भाले रूचाउँछन् । यसरी ध्वनि प्रदूषणले गर्दा पोथीहरूको प्रजनन छनोटलाई दखल परेको छ ।

आधुनिक जीवनशैलीले ध्वनि प्रदूषण मात्रै फैलाएको छैन, भुनभुनाहट, गुनगुनाहट पनि निकालेको छ । जुन एकदम कम आवृत्ति (फ्रिक्वेन्सी) मा हुने गर्छ । यस्तो सानो आवृत्तिमा धेरै जीवजन्तुले सञ्चार आदानप्रदान गर्छन् । पछिल्ला वर्षमा विशेषज्ञहरूले गाडी, ढुङ्गा र उद्योगधन्दाबाट निस्कने आवाजले चरालगायत जीवजन्तुलाई पार्ने दखलबारे अभिलेख गर्न थालेका छन् ।

नेदरल्यान्ड्सको लेइडेन विश्वविद्यालयका जीवजन्तुको आनीबानीका विशेषज्ञ उल्टर हाल्फबेरिकले चिचिल्कोटे (ग्रेट टिट) चराका भालेहरूको आनीबानीबारे अध्ययन गरेका थिए । उनका अनुसार आफ्ना यौनजन्य सङ्केतले भरिएका आवाज सुनाउनुपर्दा ट्राफिक गतिविधिबाट आउने अप्राकृतिक ध्वनिले गर्दा पोथीहरू चर्को स्वरमा गीत गाउन बाध्य भएका छन् । त्यस्तो ध्वनि प्रदूषणलाई दबाउने गरी ती भालेले आफ्ना यौनजन्य गीत प्रभावकारी बनाउन सकेका छन् कि छैनन् भन्ने उनलाई आश्चर्य लागेको छ । प्राकृतिक रूपमा वा आफ्नै बानीअनुसार गीत गाउँदै आएका चरा आफ्ना लय र स्वरको मात्रा बढाएर गाउनुपर्दा तिनलाई कुनै न कुनै दखल परेको हुन सक्छ ।

यो तथ्य पत्ता लगाउन वैज्ञानिकहरूले ३० ओटा भालेका गीत सूर्योदयअगाडि अभिलेख गरे । तिनले ती गीत फरकफरक दिनमा रेकर्ड गराए । उनीहरूले नेदरल्यान्ड्समा ती चराको ऋतुकालका बेला वसन्त ऋतुमा रेकर्ड गरे । तिनको अध्ययनअनुसार भालेहरूले खासगरी पोथीहरूले फुल पार्ने बेलामा सङ्गीतको भण्डारबाट मधुरो गीत छानेर गाए ।

फुल कोरलिसकेपछि आफ्ना बचेराको रेखदेख कति भालेले गर्ने रहेछन् भन्ने अध्ययन पनि गरे । फुल पारेका पोथीमध्ये कति ओटाले भालेलाई छक्याएर अर्को भालेसित संसर्ग गर्ने रहेछन् । त्यो पनि अध्ययन गरे । कतिले ऊसित सम्भोग गरेपछि पनि सजिलैसित आफूले अँगालिरहेको भालेलाई ठग्छन् । चाखलाग्दो तथ्य के फेला पर्‍यो भने, जुन भालेहरूले उच्च स्वरमा गाउँछन्, तिनीहरू आफ्ना पोथीबाट झन् ठगिने पो रहेछन् । अर्थात् चर्को स्वरमा गीत गाउने भालेका पोथीले बाहिरियासित लसपस, लुकीचोरी सम्भोग गर्ने सम्भावना उच्च हुने रहेछ ।

माथिका दुई उदाहरणअनुसार मधुरो स्वरमा गीत गाउने भाले पो झन् पोथीका निम्ति बढी आकर्षक ठहरिने रहेछन् । त्यस्तै अर्को तथ्य भालेहरूले खाँचो पर्दा मात्रै गहिरो, सुरिलो, कामुक, यौनिक स्वर निकाल्ने, गाउने गरेको पाइयो ।

वैज्ञानिकहरूले आफ्ना गुँडमा लुकेर बसेका पोथीहरूलाई चर्को र मधुरो स्वर भएका भालेका गीतहरूको रेकर्ड सुनाइदिए । वातावरण शान्त भएका बेला पोथीहरू

प्रायः मधुर स्वरको गीत सुन्न निस्किए । तर गीतको पृष्ठभूमिमा जब विशेषज्ञहरूले न्यून आवृत्तिको हल्ला मिसाइदिए, तब पोथीहरूले चर्को लयको गीतमा ध्यान दिए । यसले के सिद्ध गर्छ भने ऋतुकालका बेला पोथीहरूको यौनजन्य क्रियाकलाप र सञ्चार आदानप्रदान क्षमतालाई ध्वनि प्रदूषणले दखल पुऱ्याउँछ । केही विशेषज्ञहरूले के पनि पत्ता लगाए भने चर्को स्वरमा गीत गाउने भालेसित सम्भोग गर्ने चिचिल्कोटे चराका पोथीहरूले फुल कम पार्छन् ।

चिचिल्कोटेहरू अरूभन्दा सामान्यतः चर्को स्वरमा गीत गाउने चरा हुन् । आफूलाई आवश्यक पर्दा वा चाहेका बेला गीतको लय बदल्न पनि यी चरा खप्पिस मानिन्छन् । चराका सबै प्रजातिमा यो खुबी हुँदैन । यी कडा स्वभावका चराहरूमा ध्वनि प्रदूषणको समस्या अझ धेरै परेको हुन सक्छ ।

तर मधुर स्वरमा गीत गाउने चराहरू जसको सङ्गीतको भण्डार कम हुन्छ । जसले त्यो भण्डारबाट छानीछानी गीत गाउन सक्छ । जसले सामान्य खालको गीत मात्रै गाउँछ अनि उसले गीत तगडासित सिक्न पनि सक्दैन । कोइली र ढुकुर जस्ता चराहरूको गीतको पृष्ठभूमि बढी खप्टिएको हुन्छ । अर्थात् तिनको गीतको पृष्ठभूमिमा एक गीतपछि अर्को गीत खप्टिएको (ब्याकग्राउन्ड ओभरल्याप) बढी हुन्छ । ध्वनि प्रदूषणले तिनले ऋतुकालमा देखाउने आकर्षणमा असर पर्छ कि पर्दैन भन्ने यस्ता चरालाई गीतको आवृत्तिले बढी महत्त्व राख्छ ।

अघिल्ला अध्ययनहरूले के देखाएका छन् भने, चराहरूले गीत बदल्नुपऱ्यो भने धेरै प्रजातिलाई पीडित बनाउँछ । यसले के सुझाव दिन्छ भने, सडकको आवाज, कलकारखाना र ग्यासका चिम्नीहरूको आवाज कम गर्ने नयाँ उपाय खोजिनुपर्छ । अथवा मन्द खालका आवाज जुन वरिपरिको वातावरण, वनमा अल्झिएर बस्छन्, तिनलाई कम गरिनुपर्छ । कच्ची सडकले भन्दा कालोपत्रे सडकले कम आवाज निकाल्छन् । भित्तामा रबर जस्तो लेपन लगाउँदा पनि त्यसले भित्तालाई लचिलो बनाउने हुँदा ध्वनि हराएर जानका लागि सहयोगी हुन सक्छ ।

सासै नरोकी कसरी गाएका ?

ग्रीष्म ऋतु लाग्नासाथ चराहरूको सल्बलाहट एक्कासि बढ्छ । एकाबिहानै नयाँनयाँ भाकामा मीठामीठा गीत गाउँदै नयाँनयाँ चरा छरछिमेकमा देखिन्छन् । त्यसको कारण हो, चराहरूको प्रणयकाल उच्च पुगेको हुन्छ । प्रेम गरौं गरौं लाग्ने हर्मोन बढेका हुन्छन् । त्यो बेला चरा प्रेममय मुडमा हुन्छन् । भालेहरू पोथीको मन जित्न अनेक अक्कल गरिरहेका हुन्छन् । पोथीहरू भाउ खोजेर बस्छन् । केटाहरूलाई प्रेमिकाको मन जित्न जति गाह्रो हुन्छ, त्यसभन्दा भालेहरूलाई पोथीको मन जित्न कठिन हुन्न ।

ग्रीष्म ऋतुमा नयाँनयाँ प्रेमिकालाई सुरिलो कण्ठले गीत सुनाउनु, तिनलाई खुसी पार्नु, गीतले पगालेर मन जित्नु, थरीथरीका भाका सुनाएर मन्त्रमुग्ध पार्नु, पोथीहरूलाई भालेको नजिक जाऊँ जाऊँ लाग्ने बनाउनु यो ग्रीष्म ऋतुकालका चराको दिनचर्या हो । तर अनौठो के भने, चराहरूले गीत गाउँदा सासै नरोकी गाउन सक्छन् । हामीले गीत गाउँदा बीचबीचमा सास रोक्नुपर्छ । आराम गरीगरी गाउनुपर्छ । चराहरू सास नरोकी घण्टौंसम्म गाउन सक्छन् । यही रहस्य नै मानिसका लागि अचम्मलाग्दो तथ्य हो ।

हाम्रा गीतकार, सङ्गीतकारलाई पनि पछार्ने खालका गीत गाउने खासमा भालेहरू हुन् । मानिसहरूमा महिला र पुरूष नारिएर दोहोरी गाउँछन् । तर चरामा गीत गाउनेहरू भाले हुन् । आफ्ना गीतमा भालेले नै सङ्गीत भर्छ । राग मिलाउँछ । पृष्ठभूमि कस्तो हाल्ने ? ऊ आफैं मिलाउँछ । तर त्यो चाखेर राम्रो, नराम्रो छुट्याउनेहरू हातमा कलमकपी बोकेर बस्ने निर्णायक हुँदैनन् । कतै झाडीमा लुकेर सुन्ने पोथीहरू नै ती गीत मीठा छन् कि छैनन् । खस्रा छन् कि कर्णप्रिय, जाँच्ने जाँचकी हुन् । पोथीहरूले रूचाइदिएनन् भने भालेका गीत असफल मानिन्छन् । कान घोच्ने मानिन्छन् । मन बहलाउने होइन ।

त्यसो त पोथीहरू भनेका बोल्दै नबोल्ने त होइनन् नै । ती पनि कराउँछन्, आवाज निकाल्छन्, मिहीन रूपमा स्वर पनि थप्छन् । तर गीत गाउँदैनन् । त्यसैले कतै रूखका टुप्पा, हाँगा वा लुकेर झाडीबाट मीठो गीत सुनियो भने त्यो भाले रहेछ भनेर बुझिन्छ ।

भालेहरूले यसरी ज्यान दिएर गीत गाउनुका कारण धेरै छन् । मुख्य सन्देश भनेको अरू चरालाई आफ्नो उपस्थितिको जानकारी दिनु हो । एउटा भालेले गाएको गीतमा सम्भावित जोडीलाई सङ्केत गरिएको हुन्छ । म यहाँ छु, यस्तो छु भन्ने उसका बारेमा जानकारी हुन्छ । उसको प्रतिद्वन्द्वीलाई त्यो गीतमार्फत पनि उसले आफ्नो उपस्थितिबारे जानकारी दिन्छ ।

कहिलेकाहीँ चरापिच्छे नै वा हरेक भालेपिच्छे गीत गाउँदा हल्का भिन्नता हुन्छ । हो, त्यसले एउटै प्रजातिका भालेमा ऊ अरूभन्दा भिन्न हो भनेर परिचय दिन्छ । यी भिन्नता मानिसका कानले हतपत छुट्याउँदैनन् । मानिसले ध्यान दिएरै अवलोकन गर्दा पनि बुझ्न सहज हुन्न ।

तर अध्ययनहरूले के देखाएका छन् भने, आफू बस्ने ठाउँभन्दा बाहिरका चराको आवाजभन्दा आफ्नो क्षेत्रका वा छिमेकका चराको गीतमा चराले भिन्न तरिकाले प्रतिक्रिया जनाउँछन् । छिमेकीको गीतलाई बढी ध्यान दिन्छन् । चनाखो भएर घोरिई घोरिई सुन्छन् । प्राथमिकताका साथ जवाफ फर्काउँछन् । त्यो जवाफ चर्को आवाज वा गीतले नै दिन्छन् ।

पोथीहरू पनि के कम ? सजिला, मधुरा, सरल गीत त जसले पनि गाइहाल्छ । मिहिनेतबिना गाउने गीत त जस्ता ग्वाँचले पनि गाउन सकिहाल्छन् । त्यस्ता गीतमा के कान तन्काई तन्काई सुन्नु ? किन समय फाल्नु ? तिनले जताबाट बढी जटिल गीत आउँछ, उतै कान सोझ्याउँछन् ।

जुन भालेले बढी जटिल, मिश्रित, सुरिलो गीत गायो, त्यतैतिर बढी ध्यान दिएर सुन्छन् । भालेले जति जानकारी, सूचना घोलेर गाए पनि तिनको न्यूनतम पहिचानको जानकारी भने मिसाएकै हुन्छ । भालेले त्यो देखाउन मूल्य चुकाउनुपर्छ । त्यसले गर्दा उसले मिहिनेत गरी गरी परिष्कृत गरेका (तन्काएका, फैलाएका) गीतहरूको विकासमा सहयोग पुग्छ ।

चराहरूभित्र एकदम जटिल उपकरण (अङ्ग, भाग) हुन्छन् । मानिसले झैं तिनलाई बजाउन लौरो चाहिन्न । डोरी लगाउनुपर्दैन । औंला चलाउनुपर्दैन । बेसरी ठटाउनुपर्दैन । तिनले आफ्नो साङ्गीतिक उपकरणलाई गीत र सङ्गीतको खाँचो, बोल, भाकाअनुसार छानेर बजाउन सक्छन् ।

चराको साङ्गीतिक स्वर (भोकलाइजेसन) साइरिक्स भन्ने अङ्गबाट उत्पन्न हुन्छ । चराको छातीभित्र हुन्छ । त्यसैले गीत नगाउने हाँसलगायत अन्य पानी चराले पनि क्वेकक्वेक गर्दै आवाज निकाल्न सक्छन् । साइरिक्स भनेको दुई हाँगा फाटेको नली हो । त्यसैबाट हावा ओहोरदोहोर गर्छ । यसका हाँगालाई गीत गाएका बेला चराले नियन्त्रण गर्न सक्छ । परिणाम त चराले एकै पटकमा दुई भिन्न खाले आवाज निकाल्न सक्छ । एकातिरको हावाको नलीले सास तान्दा अर्कोले फाल्छ । वा दुई नलीमध्ये एउटाले सासै नरोकी घण्टौंसम्म गीत गाउन सक्छ । खासगरी आफैंसित सामञ्जस्य, तालमेल मिलाउन वा एक सङ्गीत, भाका, लय र स्वरमा अर्कोलाई अलिकति ठोकेर तालमेल मिलाउन, आवाज थप्न (पेर्कुसन) पनि सक्छ । चाँचर चराहरूको स्मृतिमा बराबर आइरहने मीठो स्वर, सङ्गीत (हाउन्टिङ मेलोडी) वा ब्राउन थ्रस (खैरो रङको चाँचर) चराको एकअर्कामा खप्टिएका, मिश्रित वाक्य शैली वा वर्णन पद्धति उदाहरण हुन् ।

चराले जटिल गीत उत्पन्न गर्ने उसको क्षमता उसैको शारीरिक सूचकले दिएको हुन्छ । त्यो श्वासप्रश्वासको यान्त्रिक उपकरण (आपाराटस) को विशिष्टीकरण हो । हावाका थैली र फोक्सोलाई अलगअलग रूपमा चतुरतापूर्वक चलाएर लगातार रूपले चराले सास भित्र तान्ने र बाहिर फाल्ने गर्न सक्छ । त्यही कारणले गर्दा विन्टर रेन नामक सानो चरोलगायत फिस्टा जस्ता अन्य चराले फोक्सोका माध्यमबाट एकदम चर्को र लामो गीत झाडीभित्रैबाट गाइरहन्छन् ।

निद्रामै सङ्गीतको रियाज

दिनभरिको व्यस्ततापछि हामीमध्ये धेरैलाई कहिले रात पर्ला र आराम गर्न पाइएला भन्ने हुन्छ । शरीरलाई राम्ररी आराम पुगोस् भनी हामी भरसक सजिलोसँग सुत्ने कोसिस गर्छौं । तर चरालाई केको भ्याइनभ्याई होला ? दिनभरि स्वतन्त्र हुँदा पनि यी रातभरि निदाएका बेला समेत सङ्गीत घोकेर पो बस्छन् ।

हो, गीत गाउने चराले आफ्नो लय सुतेका बेला रिहर्सल गर्छन् । फरक फरक आवाजलाई जोडेर गीतको लयमा ढाल्न सुतेका बेला स्मरण गर्छन् । तिनलाई जोडेर गीत बनाउने कोसिस गर्छन् । जेब्रा फिन्च भनिने एक प्रजातिको तितु चराको मस्तिष्कको गतिविधिलाई विद्युतीय

(इलेक्ट्रिकल) माध्यमले अध्ययन गर्दा यो तथ्य पत्ता लगाइएको हो । अमेरिकाको सिकागो विश्वविद्यालयका वैज्ञानिकको एक टोलीले गरेको अध्ययनबाट पत्ता लागेको छ– चराहरूले सुतेका बेला पनि स्नायुकोषलाई ब्युँझिएका बेला गीत निकाल्ने र सञ्चार गरे जसरी नै जटिल ढाँचामा उत्पादन गर्छन् ।

बच्चाहरूले पाकाहरूबाट सुनेर अभ्यास गर्छन् । गीत गाउने चराहरूले गीत सुनिसकेपछि त्यसलाई कतै भण्डारण गर्छन् । पछि सुतेका बेला रिहर्सल गर्छन् । चराहरूले निदाएका बेला गीत गाएको सपना देख्छन् । जेब्रा फिन्चले दिउँसो गाएको गीत स्नायु कोषिकामा राखेर राति पुनः गाउँछ । दिउँसो गाएको गीतलाई राति दोहोऱ्याउँदा उसले ठ्याक्कै मिलाउँछ ।

चराले सुतेका बेला पनि महत्त्वपूर्ण तरिकाले सिकिरहेका हुन्छन् । तिनले राति निदाएका बेला कसरी गीतको व्यायाम गर्ने, धुन कसरी मिलाउने भनेर दिउँसो सक्रिय रहेका बेला सोच्छन् । दिउँसो सक्रिय रहेकै बेला जसरी राति निदाएका बेला पनि आफ्ना स्नायुकोषलाई सक्रिय पारेर तिनले गीतको व्यायाम गर्छन् । वैज्ञानिकहरूका अनुसार चराहरूले कसरी गीत गाउन सिक्छन् भन्ने अध्ययन राम्रोसँग गर्ने हो भने मानिसहरूले कसरी बोलचाल गर्छन् भन्ने तथ्य पत्ता लगाउन सहयोग पुग्न सक्छ ।

राति जङ्गलको अनकन्टार बासस्थानमा मानिसका आँखा छलेर सुतिरहेको चराले निद्रामा गीत घोक्छ भन्ने कसरी पत्ता लाग्यो त भन्ने लाग्ला । अमेरिकी वैज्ञानिकहरूले जङ्गलमा सुतेका जेब्रा फिन्चको अध्ययन त गरेनन् । तर उनीहरूले चार ओटा जेब्रा फिन्च समाते । तिनलाई मानवनिर्मित गुँडमा राखेर दिमागका कोषहरूको गतिविधि अध्ययन गरे । तिनीहरूको दिमागको क्रियाकलाप नाप गर्न र प्रत्येक चराको छुट्टाछुट्टै अध्ययन गर्न आवाजहरू भर्ने अति साना रेकर्डर प्रयोग गरिए । ती रेकर्डरले चराको साङ्गीतिक भाग भरेका थिए । त्यो रेकर्डिङ सुतेको चराछेउमा लगेर खोलिदिँदा आवाज निकालेनन् । तर चराका स्नायुहरूले ती गीत पहिचान भए झैं गरी गाउन सहयोग पुऱ्याए ।

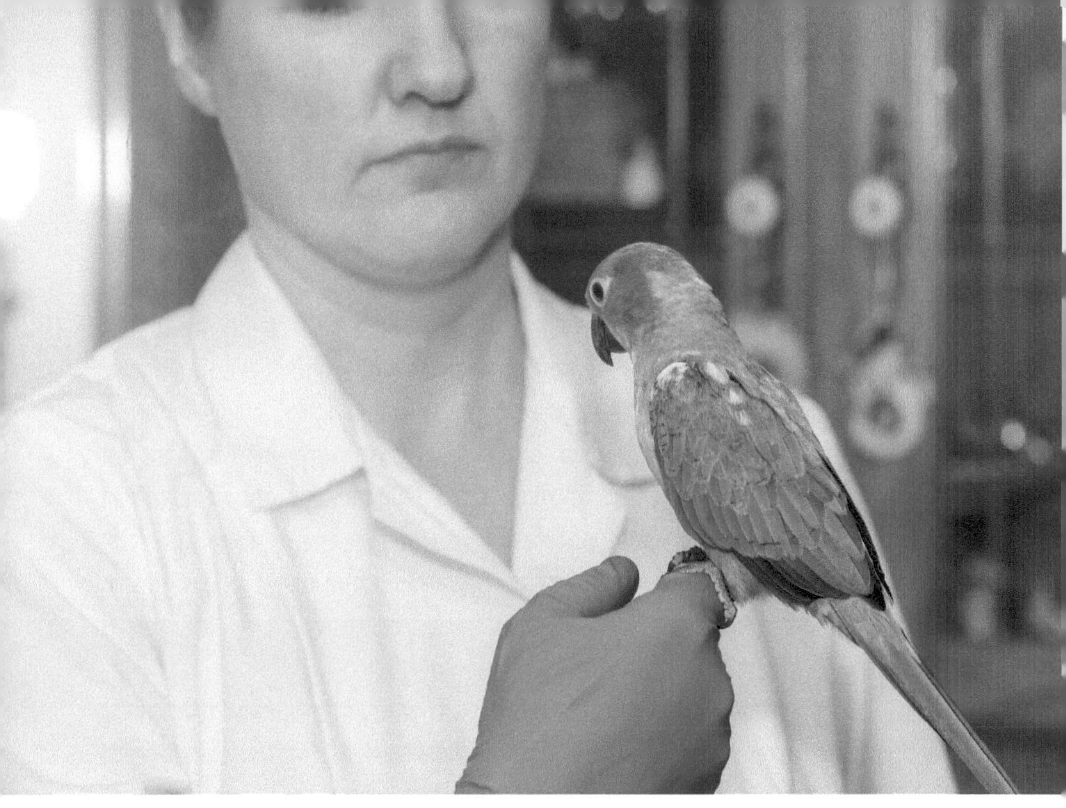

चराको गीत, एक उपचार

अस्पतालमा बच्चाले औषधि खान मानेनन् ? उपचार गर्ने बेलामा ऐय्या र आत्था गरेर हैरान पारे ? शल्यक्रिया गर्नुपर्ने बालबालिका नर्सको सुई हातमा देख्नासाथ चार हातखुट्टा फालेर चर्किन थाले ? कराएर अस्पताल नै थर्काउँला झैं गरे ? समाधानका लागि वैज्ञानिकहरूले गजबको तरिका पत्ता लगाएका छन् । महँगो छैन । नपाइने पनि होइन । चराका गीत सुनाइदिने ।

हो, बेलायतका केही वैज्ञानिकले उपचारका क्रममा बालबालिकालाई चराका गीत सुनाइदिए बढी शान्त हुने गरेको तथ्य पत्ता लगाएका छन् । यसलाई उनीहरूले प्रयोगमै ल्याइसकेका छन् । चिकित्सक र बिरामीका आफन्तलाई चराको गीतले

गर्दा निकै सहज हुन थालेको तथ्य भेटिएको छ । बेलायतको लिबरपुलस्थित आल्डर हे अस्पतालमा गत केही वर्षदेखि यो तरिका अपनाउन थालिएको हो ।

अहिले उक्त अस्पतालमा चराका गीत, वर्षा र हावाहुरीका आवाज सुनाउन थालिएको छ । ती अस्पतालकै बालबालिकाले तयार पारेका हुन् । त्यस्ता गीतमा स्प्रिङफिल्ड पार्कमा लगेर त्यहाँका कलाकर्मी क्रिस वाट्सनले सङ्गीत हालिदिएका थिए । त्यसको मुख्य काम भने बालबालिकाले गरेका थिए । अहिले त्यो गीत आल्डर हे अस्पतालका सम्पूर्ण बालबालिका कक्षमा सुनाउने गरिन्छ ।

शल्यक्रिया गर्दा, सुई दिँदा वा अन्य कठिन उपचार गर्ने बेला त्यो सङ्गीत सुनाइदिनाले बालबालिका शान्त हुने गरेका छन् । चिकित्सकलाई उपचारमा सजिलो हुने गरेको छ । बालबालिकाबाहेक अन्यलाई पनि चराका त्यस्ता गीतले उपचारका क्रममा शान्त पार्ने गरेको तथ्य उनीहरूले सार्वजनिक गरेका छन् । अहिले मुख्यतः चाँचर, धोबिनी चरा, तितु र कल्चुँडेका गीत रेकर्ड गरेर सुनाएका छन् । यी मुख्य त गाउँघर वरिपरि पाइने र गीत गाउन खप्पिस चरा हुन् ।

चराका गीतले अस्पतालमा बालबालिकालाई शान्त पार्न सकेको सफलतालाई प्राकृतिक संसारलाई घरमा भित्र्याउन सकिएको वैज्ञानिकहरूको दाबी छ । अस्पतालका बिरामीले ठूलो फाइदा लिएको अनुभव अस्पतालले गरेको छ । हाल उनीहरूले ती चराका गीत अस्पतालको गोरेटो र बिरामी तथा आगन्तुक हिँड्डुल गर्ने अन्य क्षेत्रमा पनि बजाउन थालेका छन् । त्यसको प्रभावले गर्दा घरमा लगेर बजाउन थुप्रै अभिभावकाले ती गीत सिडीमा निकाल्न आग्रह गरेका छन् । त्यसको माग बढ्दै गएको छ । यसबाट प्रकृतिका अन्य सङ्गीतलाई पनि प्रयोग गरेर उपचार पद्धतिमा ठूलो सफलता हासिल हुन सक्ने उनीहरूको दाबी छ ।

यो सफलतापछि यसले दुःखाइ कम गर्न र रोग छिटो सन्चो हुन पनि सहयोग गर्छ कि भनेर हाल चिकित्सक खोजीमा लागेका छन् । चराका गीतले मानिसलाई आनन्द दिन्छ । प्रफुल्ल बनाउँछ । गीतसङ्गीतमा प्रेरणा दिने काम त सयौं वर्षदेखि हुँदै आएको हो ।

नर्भस चरा जोखिम लिन तयार

तनावमा परेका मानिस काम बिगार्छन् । किनकि तिनले हतारमा गर्छन् । झनक्क रिसाउँछन् । कोहीकोही जोखिम पनि बढी उठाउँछन् । तनावले गर्दा । चराहरूमा पनि त्यस्तो हुने गर्छ । उच्च तनावमा परेका चरा बढी आँटिला, बहादुर हुन्छन् । बढी मुक्त महसुस गरेका, छुट्कारा पाएर बसेका तिनका समकक्षीभन्दा जोसिला हुन्छन् ।

वैज्ञानिकहरूले बढी जिम्मेवारी वहन गरिरहेका, सामान्य र तनावपूर्ण गरेर तिनको स्ट्रेस हर्मोनको स्तरका आधारमा तीनखाले चराको अध्ययन गरे । बढी जिम्मेवारी वहन गरेका भन्नाले बचेरा हुर्काउने, समूहमा बढी जिम्मेवारी वहन गर्ने बुझिन्छ । प्राप्त अनुसन्धानबाट वैज्ञानिक चकित परे । किनकि अरू चराभन्दा बढी तनावमा रहेका चरा झन् आँटिला देखिए । तिनले नयाँ वातावरणमा बढी जिम्मेवारी लिएकाले भन्दा झन् बढी जोखिम उठाए ।

चरालाई तनावमा ल्याउन स्ट्रेस हर्मोनको मात्रा थपिदिनुपर्थ्यो । त्यसैले ती कसरी रिसाउँछन् त ? अक्कल लगाए । परभक्षी जीवको अनुहार बनाएर चरालाई देखाइदिए । ती बसेको वातावरण पनि बदलिदिए । त्यसले गर्दा हर्मोनको मात्रा बढ्यो । किनकि ती परभक्षीको त्रासले तनावग्रस्त भए । बोलिचालीको भाषामा स्ट्रेस हर्मोन भनिए पनि त्यसलाई वैज्ञानिक भाषामा कोर्टिकोस्टेरोन हर्मोन भनिन्छ । त्यसले तनाव उत्पन्न गराइदिन्छ । केही चरामा यस्तो हर्मोन बढी र केहीमा कम हुन्छ ।

यो अध्ययन तीतु (जेब्रा फिन्च) मा गरिएको थियो । वैज्ञानिकहरूले फरक फरक चरित्र, बानीका चराहरूलाई दाना खाने भाँडो (फिडर) को व्यवस्था गरिदिएका थिए । त्यो नयाँ वातावरणमा राखिएको थियो । नयाँ फिडरमा तनावमा परेका चरालाई सबैभन्दा छिटो जान पाउने व्यवस्था गरिएको थियो । हाइसन्चो मानेर बस्ने, शत्रु निकट देखे पनि कम डराउने चरामा त्यो हर्मोन कम देखियो । भयभीत भइसकेपछि, तर्सिसकेपछि भने अरू चराभन्दा त्यस्ता चरा फिडरबाट हतारहतारमा छिटो फर्किए । समग्रमा ती चराले अरूले भन्दा त्यहाँ राखिएका फिडर र केही अन्य वस्तुमा लचिला वा आरामदायी किसिमले बस्ने समकक्षी चराले भन्दा बढी सामीप्य देखाए । तिनले अरूले भन्दा बढी जोखिम उठाउन तत्परता देखाए । तिनले विवाद गरेर, विमति देखाएर अवस्थालाई अझ राम्रोसित व्यवस्थित गर्न सके ।

यसमा अन्तर्दृष्टि प्रतिरोधी (काउन्टर इन्ट्विटिभ) सोच देखिन्छ । जुन चरामा उच्च स्तरमा स्ट्रेस हर्मोन छ, तिनले आँटिलो व्यवहार देखाउनु सामान्यतया आत्मविश्वाससित सम्बन्धित हुन्छ । जेहोस्, कोर्टिकोस्टेरोन तनाव कम गर्न उत्पन्न हुन्छ । जिउनका लागि आहारा खोज्ने जस्ता आवश्यक बानीव्यवहार अपनाउन जनावरलाई त्यसले हौसला प्रदान गर्छ । त्यसैले गहिरिएर विचार गर्ने हो भने, यो तथ्य आश्चर्यलाग्दो नहुन सक्छ । किनकि यस्ता चरा वातावरणका अनेक आयाम, भिन्नताबारे बढी खोजतलास गर्ने हुन सक्छन् । आहारा बढी खोज्ने र अन्य कुराको खोजीमा बढी लागिपर्ने खालका हुन सक्छन् । यस्ता चरा बढी उत्सुक हुन सक्छन् ।

अघिल्ला अनुसन्धानहरूले के देखाएका थिए भने, जनावरले जब निश्चित खाले चुनौतीको सामना गर्छन्, तब तिनले त्यसअनुरूप दृढतापूर्वक वैयक्तिक भिन्नता देखाउँछन् । परम्परागत तरिकाले अनुसन्धानको यस क्षेत्रमा चरालाई दुई भागमा विभाजन गरिएको छ– साहसिक (बोल्ड) र लज्जालु (साई) अथवा सक्रिय (एक्टिभ) र निष्क्रिय (पेसिभ) । यो व्याख्या तिनको बानी, क्रियाकलापगत रणनीतिमा आधारित छ । त्यसपछि चराहरूलाई भौतिक शास्त्रीय भिन्नतामा अध्ययन गरिएको छ ।

यस अध्ययनले अघिल्ला अध्ययनको विपरीत दृष्टिकोण लियो । किनभने यसअघि यस्ता स्ट्रेस हर्मोन बढी हुने जीवजन्तु भाग्ने, डराउने र छेरौटे खालका हुन्छन् भन्ने विश्वास गरिँदै आएको थियो । पछिल्लो पटक यो अध्ययन गर्दा भौतिकशास्त्र र कोर्टिकोस्टेरोन हर्मोन उत्पादनका आधारमा चराहरूलाई दुई भिन्न समूहमा विभाजन गरिएको थियो । त्यसपछि आनीबानीगत भिन्नता खोजिएको हो ।

सेक्सी पोथीका वंश धेरै

मानिसमा धेरै पति वा केटा फेरेको रूचाइँदैन । त्यसो त धेरै पुरूष वा महिलासित सम्पर्क गर्दा यौनजन्य रोगले गाँज्छ । धेरै पत्नी अँगाल्दा तीबाट जन्मिने बच्चा पनि धेरै नै हुन्छन् । कसरी पाल्ने ? यस्तै विविध अप्ठ्याराले पनि हुन सक्छ, बहुपत्नी वा बहुपति मानव समाजमा पूजनीय मानिँदैन । तर पन्छी जगत्मा बढी नाटीकुटी गर्ने (पिकी) पोथीहरूको प्रजातिको विविधता र अतिजीवन (सर्भाइभल) मा गम्भीर भूमिका खेल्छन् ।

अहिलेसम्म जैविक विविधताको सिद्धान्त अनुकूलन (एड्याप्टेसन) ले वातावरणसित खेलेको भूमिकामा केन्द्रित छ । बासस्थानसित एकाकार हुन सक्ने, मिल्न सक्ने प्रजातिले नै जिउन विजय हासिल गर्छ । जो यसमा असफल सिद्ध हुन्छ, ऊ बिस्तारै लोपोन्मुख बन्छ ।

तर अहिले वैज्ञानिकहरूले अस्तित्वबारे नयाँ सिद्धान्त, नयाँ तथ्य पत्ता लगाएका छन् । छनोटपूर्ण सम्भोगले प्रजातिको दीर्घकालीन सहअस्तित्व बढाउँछ । उदाहरणका लागि भ्यागुता, फट्याङ्ग्रा, ट्वाँटी कीरा, झ्याउँकीरी, माछा आदि हुन् । यिनले एउटै पर्यावरणीय अनुकूलन (इकोलोजिकल एड्याप्टेसन) साझेदारी गर्छन् । एकै प्रजातिमा सङ्करण (इन्टरब्रिड) गर्छन् ।

नयाँ मोडलले के भन्छ भने, तिनले मूलतः यी दुई सर्त पालना गरे प्रजातिहरू एउटै बासस्थानमा स्थिर रूपमा सहअस्तित्वमा रहन सक्छन् । पहिलो, तिनले प्रयोग गर्ने स्रोतको वितरणमा एकरूपता ल्याउने, समरूप (युनिफर्म) हुनुहुन्न, जसले गर्दा फरकफरक जोडी छान्न रूचाउने पोथीहरूले फरकफरक स्रोतको उपयुक्त र गुणात्मक स्थल प्रयोग गर्न सक्छन् ।

दोस्रो, पोथीहरूले घट्दो जीवितता (रिड्युस्ट सर्भाइबल) वा प्रजनन शक्तिमार्फत आफू रोजाहा (चुजी) हुनुको मूल्य चुकाउनुपर्छ । स्रोत वितरण ठाउँ, क्षेत्र, खाली ठाउँमा कहिल्यै एकरूपता हुँदैन । ताल र घाँसेफाँट जस्तो देख्दा समजातीय बासस्थान (होमोजेनियस) मा पनि एकरूपता हुँदैन ।

बढी नाटीकुटी गर्ने हुँदा पोथीहरूले सधैं तड्पिनुको मूल्य चुकाउनुपर्छ । किनभने तिनले या त आफूले चाहे जस्तो जोडी खोज्न शक्ति खर्चिनुपर्छ अथवा मन नपरेका भालेले पछ्याउँछन् । लघारेर, फकाएर हैरान पार्छन् । त्यसबाट भाग्नुपर्छ । आफूलाई जोगाउन सक्नुपर्छ । त्यसरी आफूले नइच्छाइएका थरीथरी भालेबाट जोगिन पनि त शक्ति खर्च हुन्छ । ती जातिका सीमाहरू मजबुत पार्न निर्णायक भइदिन्छन् । किनभने तिनले अतिक्रमित क्षेत्रहरूबाट विशेष खाले छनोटसहितका पोथीहरूलाई रोकावट गर्छन् । भालेले प्रभुत्वमा राखेको जो भालेका दृष्टिमा कुरूप मानिन्छन् ।

लामो समयदेखि के विश्वास गरिँदै आएको थियो भने, प्रजातिहरू तिनका पर्यावरणीय रूपान्तरण (इकोलोजिकल एड्याप्टेसन) मा स्थायी रूपमै सहअस्तित्व कायम गर्न सक्छन् । अहिलेको अनुसन्धानले जैविक विविधता (बायोलोजिकल डाइभर्सिटी) को महिमालाई संरक्षण गर्न र बुझ्न नयाँ ढोका खोलिदिएको छ ।

पोथी नपाएर कालिगड जिल्ल

तोप चराले धोक्रे टोपी जस्तो आकारको गुँड बनाउँछन् । यी चराले किन यस्ता गुँड बनाउँदा हुन् ? यी के चरा हुन् ? यिनलाई नेपालीमा तोप चरा वा कोटेरो भनिन्छ । कतैकतै सुजेरो, बकेचो पनि भनिन्छ । धादिङतिर भने तोलायँ भनेर पनि चिनिन्छ । यी भँगेरा वर्गका हुन् । समूहमा बस्न रूचाउँछन् । त्यसैले कोटेरोका गुँड एकै ठाउँमा यसरी भेटिने गरेका हुन् ।

धेरैजसो चरामा भालेले सामान ओसारिदिने, मिलाइदिने गरेर सहयोग गर्छन् । पोथीले गुँड बनाउने गरे पनि कोटेरोको भने गुँडको अधिकांश भाग भालेहरूले बनाउने गर्छन् । नेपालमा खासगरी हिउँदमा उच्च पहाडी भागबाट पोथीहरूभन्दा केही

दिनअगाडि नै भालेहरू तराईतिर (कोही काठमाडौं उपत्यकातिरै पनि बस्छन्) जान्छन् । अनि उपयुक्त ठाउँमा गुँड बनाउन अडिन्छन् ।

भालेहरूबीच कसले राम्रो गुँड बनाउने भनेर प्रतिस्पर्धा चल्छ । पोथीहरूले सुन्दर गुँड बनाउने भाले रोज्ने भएकाले त्यसो गर्ने हुन् । गुँड बनाएपछि जब पोथीहरू आइपुग्छन्, तब भालेहरू आफूले बनाएको गुँडमा बसेर पोथीलाई बोलाउँछन् । केही दिनपछि पोथी आएर भालेले बनाएका गुँड निगरानी गर्छन् । जुन भालेका गुँड सुन्दर छन्, पोथीले तिनै भाले ओगट्छन् । गुँड बनाउने बाँकी रहेको काममा पोथीहरूले साथ दिन्छन् । आफूले रोजेको भालेसित मिलेर बाँकी काम फत्ते गर्छन् । सुन्दर गुँड बनाउन नसक्ने कतिपय भाले पोथी नपाएर जिल्लिने पनि हुन्छन् ।

भालेको गुँडले ऊ कति तगडा कालिगड हो भन्ने देखाउँछ । फुल पार्ने कोठा कत्रो र कस्तो छ, भित्र पस्ने ढोका कस्तो छ, गुँडको बाहिरी आवरण कसरी बुनेको छ, कस्तो र कति सुरक्षित हाँगामा बनाएको छ ? पोथीले यो सबै निगरानी गर्छन् । भाले कति सिपालु छ पोथीहरूको छनोटले निर्धारण गर्छ ।

फुल पार्ने कोठा सकिनासाथ पोथीले त्यसलाई भित्र बसेर राम्रो बनाउनतिर लाग्छे । भालेलाई बाहिरी भाग बुन्न छाडिदिन्छे । आवश्यक घाँस ओसारेर भालेले नै ल्याउँछ । बाहिरी भाग पूरा भएपछि भालेले ढोका पूरा गर्नतिर लाग्छ । गुँड बनाउँदा भालेपोथी खुब रमाउँछन् । भालेले मधुर स्वरमा गीत गाउँछ । कहिलेकाहीँ त पोथीले फुल पारेर ओथारो बस्न सुरू गर्दा पनि भाले घरलाई अझ सिँगार्दै, मिलाउँदै हुन्छ ।

भालेले सुन्दर गुँड बनाएको छ भने पोथीहरू त्यस्तो गुँडका लागि प्रतिस्पर्धा पनि गर्छन् । पोथीहरूले धेरै झगडा गरे भने भालेले त्यस्ता पोथीसितको सम्बन्ध तोड्नुपर्ने पनि हुन सक्छ । बाघकाने टोपी वा धोक्रो जस्तो यो गुँडको लम्बाइ ३० देखि ६० सेन्टिमिटरको हुन्छ । यो करिब तीन महिनाको प्रजननकालभरि प्रयोग गर्छन् । करिब तीन महिनापछि जब बचेरा हुर्केर उड्न सक्ने हुन्छन्, तब यी फेरि पहिलेकै ठाउँतिर फर्किन्छन् ।

खासगरी बीउबिजन खाने हुनाले यिनले धान, मकै फल्ने खेतबारीको छेउछाउ समूहमा बस्न रूचाउँछन् । यिनीहरूको गुँड कति वैज्ञानिक हुन्छ भने अक्सर हावा नचल्ने दिशातिर फर्काउँछन् । त्यसैले पनि गुँडको ढोका पूर्वपश्चिम फर्केको देखिन्छ । किनभने नेपालमा हावा अक्सर उत्तरबाट दक्षिणतिर बहन्छ ।

फिस्टे चरा वा सोली फिस्टो (टेलर बर्ड) र कोटेरोको वर्ग एकै भए पनि सोली फिस्टोले सकेसम्म आफ्नो गुँड लुकाएर बनाउँछ । शत्रु नलागोस् भनेर उसले रूखका पातलाई दुईतिरबाट उनेर बीचमा गुँड बनाउँछ । यसो गर्दा हरियो पातभित्र गुँड छ भनेर कसैको आँखामा पर्दैन । उसले आफ्नो गुँड सुरक्षित राख्छ । पात दोबारेर टपरी

गाँसे जस्तो पार्ने र हेर्दा गुँड सोली जस्तो देखिने हुनाले पनि यो चरालाई सोली फिस्टो भन्ने गरिएको हो ।

तर कोटेरोहरूले भने सबैले देख्ने गरी बनाउँछन् । तिनीहरूलाई खराब मौसम र शत्रुबाट आफ्ना गुँड बचाउन पाए पुग्छ । गुँडलाई हावामा तुर्लुङतुर्लुङ हल्लिने बनाउँछन् । हल्लिरहने भएकाले गर्दा शत्रु हतपत पस्न सक्दैन । हाँगामा तुर्लुङ्ङ झुन्डिने र हल्लिरहने हुनाले सर्प पनि हतपत पस्न सक्दैन । गुँड पनि अर्को हाँगाबाट सहजै नभेटिने गरी बनाउँछन् । एकदमै सुरक्षित छ भन्ने लागेमा र गुँड बनाउने उपयुक्त ठाउँ अलि सीमित लागेमा गुजुप्प पारेर थुप्रै गुँड पनि बनाउने गर्छन् । जमिनबाट नभेटियोस् भनेर कम्तीमा १५ फिट उचाइमा मात्रै बनाउँछन् ।

हरेक वर्ष नयाँ गुँड बनाउनुभन्दा पाएको खण्डमा पुरानैलाई मर्मत गरेको पनि पाइन्छ । त्यसरी मर्मत गर्दा प्रायः सुकेकै घाँस प्रयोग गर्छन् । नपाउँदा हरियो घाँस काटेर टाल्छन् । नयाँ गुँड बनाउँदा रूखको हाँगामा अड्काएर माथिदेखि तलतिर बुन्दै ल्याउँछन् । त्यसो गर्दा माथिबाट परेको पानी तर्किन्छ । तल्लो भागमा ढोका छाडेर बीचमा अलि फराकिलो पार्छन् र गुँडमा त्यही ढोकाबाट सुट्टसुट्ट पस्छन् । एउटा फुल पार्न र अर्को माउ बस्न भनेर भित्र दुई भिन्न कोठा बनाएका हुन्छन् ।

छाडिएका यस्ता गुँड अन्य चराले पनि प्रयोग गर्छन् । अर्को वर्षसम्म सुरक्षित रहे फेरि तिनैले मर्मत गरेर पनि प्रयोग गर्छन् । गुँड बनाउने बेला गुँड कसले सुन्दर बनाउने र छिटो बनाउने भन्ने भालेहरूको बडो रोचक प्रतिस्पर्धा देख्न सकिन्छ । भालेहरूको टाउको र घाँटीवरिपरि पहेँलो हुन्छ । पोथी फुस्रा हुन्छन् । प्रजननकालमा भालेहरूको पहेँलो भाग टल्किएर आउँछ । यसको कारण भालेहरू प्रजननका लागि तयार छन् भन्ने सङ्केत हो । यस्ता रङले भालेहरूको स्वास्थ्यको सङ्केत गर्ने तथ्य वैज्ञानिकहरूले औँल्याउने गरेका छन् ।

आफन्तको स्वर चिन्छन् काग

तपाईं अमेरिका कि जापान, जतिसुकै टाढाबाट पनि फोनमा आमा बोलेको ठ्याक्कै चिन्नुहुन्न त ? कागहरूले पनि आफन्तहरूको बोली चिन्ने रहेछन् । वैज्ञानिक अध्ययनबाट के पत्ता लागेको छ भने, कागहरूको स्वर सात खाले हुन्छ । तिनमा एकदम मन्द खालको भिन्नता मात्रै हुने गर्छ । त्यस्तो भिन्नता हरेक कागको स्वरमा हुन्छ । कागहरूले त्यही भिन्नताका आधारमा एकअर्कालाई चिन्ने रहेछन् । अध्ययनअनुसार पोथी कागहरूको आवाज भालेहरूको भन्दा उच्च हुने गर्छ ।

यो अध्ययन अमेरिकाको क्यालिफोर्निया विश्वविद्यालयकी जेसिका योर्नजिस्कीले अमेरिकी कागहरूमा गरेर पत्ता लगाएकी हुन् । कागहरूमा

पाइने यो क्षमता आफ्नो परिवारसँग सम्पर्कमा रहन जीवनकालभरि प्रयोग गर्न महत्त्वपूर्ण हुन्छ । धेरै काग आफ्नै छरछिमेकमा प्रजनन गर्छन् । एकअर्काको नजिकै गुँड बनाएर बचेरा हुर्काउँछन् । त्यसैले तिनले एकअर्काको स्वर चिन्छन् ।

कसरी गरियो यस्तो अध्ययन ? कागको नजिक पुग्दाका बेलाको करिब एक हजार सङ्केत स्वरहरूलाई अनुसन्धादाताले टेपमा भरे । त्यसमा पाँच भिन्न परिवारका १५ ओटा कागको आवाज लिइएको थियो । लामो समयसम्म अध्ययन गर्न ती कागलाई समातेर खुट्टामा चिह्न लगाइएको थियो । कुन आवाज कसको र कुन परिवारको हो भनेर छुट्याउन त्यसो गरिएको हो । त्यसपछि दुई दर्जनभन्दा बढी आवाजलाई स्वर व्यञ्जनाको विधिअनुसार मापन गरियो । आवाजलाई सूक्ष्म विश्लेषण गर्ने उपकरणका माध्यमले ती स्वर कति समयमा कति पटक निकाल्छन्, कति अवधिसम्म, कति समय खाली रहन्छ र त्यस्तो आवाज निकाल्न कति शक्ति खर्च हुन्छ भन्ने विश्लेषण पनि गरिएको थियो ।

विश्वभरि करिब ४० प्रजातिका काग पाइन्छन् । ती कागमा आनीबानी र क्रियाकलापमा धेरै खाले समानता पाइन्छ । विश्वका कुनै पनि काग गर्मी र ठन्डी मौसममा आफ्नो अनुकूल थोरै ठाउँ सरे पनि लामो बसाइँसराइ गर्दैनन् ।

तिनलाई आफ्नो समस्या समाधान गर्न एकदमै चतुर, चलाख जीवका रूपमा लिइन्छ । एउटा कागले कुनै आक्रमणकारी, लोभी मानिस चिन्यो भने उसले त्यो सूचना अरू कागलाई पनि दिएर चिनाउँछ । कागहरूले एक पटक चिनेको अनुहार कहिल्यै बिर्सिंदैनन् ।

सूचना आदानप्रदानमा काग अत्यन्तै सिपालु हुन्छन् । आफ्नो समूहको कुनै काग मऱ्यो भने, तत्काल तिनको समूह जम्मा हुन्छ । मृत शरीरको छेउमा बसेर समूहको मूली कागले कुर्छ । उसले सबैलाई बोलाउँछ । बाँकी काग जम्मा हुन्छ्न् । त्यो कसले मारेको हो भनेर पत्ता लगाउँछन् । हत्या गर्नेलाई सकेसम्म सबैका सामुन्ने चिनाउँछन् । त्यसपछि सबै मिलेर हत्या गर्नेलाई घेर्छन् । लखेट्छन् र सामूहिक आक्रमण गर्छन् ।

काठफोरहरूको ध्वनि, इन्जिनियरहरूलाई शिक्षा

भर्खर जङ्गल छिर्दै गरेकालाई कहिलेकाहीँ अचम्म लाग्न सक्छ टोर्र टोर्र, टटर्र टट् आवाज । लामो अनि सुकेको रूखबाट झर्दै गर्छ त्यो आवाज । जङ्गली जीवन सिक्न, देख्न र भोग्न हिँडेकालाई यसले झनै अचम्मित पार्न सक्छ ।

काठफोर (लाहाँचे) ले रूख हान्नुमा ठूलो रहस्य छ । उसले सुकेका रूखमा टटर्र टटर्र पार्नुमा प्रेम छ । रिस छ । दम्भ छ । हार छ । प्रतिस्पर्धा पनि त छ । र त्यसैमा जित पनि छ । मायालु प्रेमका बह पनि छन् । प्रियलाई सुन्दर सन्देश पनि छ, "म तिमीलाई प्रेम गर्छु ।"

कौतूहलमय आँखीभौंलाई जरक्कै उचाल्न सक्छन् । आश्चर्यचकित बनाउँछन्, "त्यस्तो पनि हुन्छ र ?"

लाहाँचे चराले सुकेका रूखमा ब्वाङका ब्वाङ हान्दा कटर्र कटर्र, टोर्र टोर्र, कटर् र कटकट आवाज आउँछ । यो हेरेर कसरी बलिया कार बनाउन सकिन्छ ? यसो भन्दा मुर्ख्याइँ, ठट्टा जस्तो लाग्न सक्छ ।

"त्यसले रूख ठुङ्छ मात्रै । त्यो हेरेर के बलियो कार बनाउनु नि !" कसैलाई जोक लाग्न सक्छ ।

हो त, यसको टाउकोलाई जोगाउने क्षमताले इन्जिनियरहरूलाई सुरक्षित कार निर्माण गर्न मद्दत गर्दछ ।

लाहाँचे चराले ठुँडले ब्वाङका ब्वाङ हान्दा कसरी आफ्नो टाउको छिन्नभिन्न हुनबाट जोगाउँछ भन्ने यिनको क्षमता र टाउकोको संरचना बुझ्ने हो भने इन्जिनियर हरूलाई सुरक्षित कार निर्माण गर्न मद्दत पुऱ्याउँछ ।

यो चरो सानो हुन्छ । यसको टाउको मान्छेको टाउकोमा प्याट्ट ठोकिँदा पनि चकनाचुर हुन्छ जस्तो लाग्छ । तर टाउकोले कुनै रूखमा हान्ने प्रतिस्पर्धा मान्छे र यो चराबीच गर्ने हो भने, मानिसलाई लाहाँचेले सजिलै जितिदिन्छ ।

यसको कारण के हो भने, काठमा टाउकोले ब्वाङका ब्वाङ हान्दा ठूला चोट सामना गर्न सक्ने अद्भुत क्षमता उनीहरूमा हुन्छ । त्यो हान्ने कला यस्तो हुन्छ कि त्यो उनीहरूको उच्च-गतिबाट ठोक्दा मस्तिष्कमा क्षतिबिनै झिकेका हुन्छन् त्यो शक्ति । त्यसरी हिर्काउँदा दिमागमा चोट त के सामान्य दुखाइ पनि पर्दैन ।

आँखा चिम्लेर मुढामा प्रतिघण्टा २० किमिको बेगमा मान्छेले टाउको बजार्ने हो भने के होला ? चटनी बन्छ टाउको । आँखा र मगज प्ल्यात्तै बाहिर निस्किन्छ । तर लाहाँचे चराहरूले प्रतिघण्टा २० देखि २४ किमिको बेगमा आफ्नो ठुँडले मुढा र रूखमा हिर्काउँछन् । यो गतिमा प्रत्येक दिन करिब १२ हजार पटक रूखमा हिर्काउँदा पनि यिनको टाउको, आँखा, मगज केही हुन्न । लाखौं-करोडौं वर्षदेखि यिनका पुर्खाबाटै विकसित हुँदै आएकाले यिनको टाउकोमा मेसिनको गियर जस्तै चल्ने संयन्त्रको विकास भएको हुन्छ ।

यो त्यस्तो क्षमता हो, सामान्य मानिसलाई सामान्य जस्तो लाग्छ । वैज्ञानिकहरूलाई भने शैक्षिक हिसाबले मात्र नभएर दशकौंसम्म मोहित पार्दै आएको छ । चासो जगाइराखेको छ ।

मानिसले लाहाँचेको प्रभावशाली एन्टी-सक संयन्त्रलाई नक्कल गर्न सक्ने हो भने, कार वा हवाईजहाज जस्ता सवारीसाधनमा सुरक्षा सुविधा व्यापक रूपमा सुधार गर्न सक्छन् । जुनकुनै खाले टक्कर र ठक्कर खाँदा पनि जोगाउन सकिन्छ ।

लाहाँचेहरूले यसरी दिमागमा चोट नपुऱ्याई ठोक्न सक्नुमा तिनको दिमागको संरचना हो । किनभने अरू चराभन्दा लहाँचेमा विभिन्न प्रकारका खोपडी (स्कल्स) हुन्छन् । तर अहिलेसम्म तिनीहरूमा शरीर रचना (एनाटोमी) बाट कसरी मस्तिष्कलाई सुरक्षित राखिन्छ भन्ने राम्रो ज्ञान थिएन ।

चीनको डालियान युनिभर्सिटी अफ टेक्नोलोजीका अन्वेषकहरूले कम्प्युटर टोमोग्राफी (सिटी) स्क्यानको प्रयोग गरे, जुन शरीरको विस्तृत, डिजिटल मोडल बनाउन वास्तविक लहाँचेले जसरी नै काम गर्छ । त्यसपछि चराको पेकिङ (खोप्ने, हान्ने तरिका) नक्कल गर्न तिनीहरूले सफ्टवेयर प्रयोग गरे । त्यो प्रक्रिया जुन लहाँचेको टाउकोले १५०० ग्राम बराबर इकाईहरूको बल वा हिर्काइ सहन सक्छ । तुलनाका लागि एक सामान्य रोलर कोस्टर यात्रीले जम्मा पाँच ग्रामको मात्र अनुभव गर्छ ।

चाइना टेक्नोलोजिकल साइन्समा प्रकाशित अध्ययनले के देखाउँछ भने, लाहाँचेको अस्तित्व यसले लिने वा शोषण गर्ने ऊर्जालाई कसरी रूपान्तरण गर्छ भन्नेमा भर पर्छ । जब एउटा लाहाँचेले रूखमा प्रहार गर्दछ (प्रभाव ऊर्जा) वा टक्करका बेलामा उत्पन्न हुने ऊर्जा शरीरमा तनाव ऊर्जामा रूपान्तरण हुन्छ । टाउकोमा धेरै तनाव रहनु विनाशकारी हुन सक्छ । तर लाहाँचेको अविश्वसनीय शरीर रचना, एक विशेष खाले ठुँड, खप्परले हिर्काउँदाको ठूलो ऊर्जालाई टाउकोको सट्टा शरीरको बाँकी भागमा पुनर्निर्देशित गर्दछ ।

वास्तवमा ९९ दशमलव सात प्रतिशत तनाव ऊर्जा लाहाँचेको शरीरमा रूपान्तरण हुन्छ । र शून्य दशमलव तीन प्रतिशत मात्रै टाउकोमा रूपान्तरण हुन्छ । तनावको यो सानो मात्रा जुन तातो हुन्छ, त्यसको टाउकोबाट चाँडै नष्ट हुन्छ । यस प्रक्रियाले दिमागलाई क्षतिबाट जोगाउँछ । तर खोपडीभित्रको तापक्रम द्रुत रूपमा बढ्न कारण बनिदिन्छ । यसलाई काठ काट्ने मानिसहरूको काम हेर्दा झन् सजिलोसित बुझिन्छ ।

आरा लगाउँदा एक खालको ताप निस्किन्छ । दिमाग पनि तात्छ । हात-पाखुरा गल्छन् । आरो पनि ज्यादै तात्छ । त्यसमा केन्द्रित रहँदा दिमागपनि तात्छ । त्यसैले तिनले केही बेरको अन्तरालमा आराम लिन्छन्, लिनुपर्छ । त्यस्तै हो, लाहाँचे चराहरूमा पनि । मतलब काठ काट्नेहरूले बारम्बार विश्राम लिनुपर्छ, जब उनीहरूले काठमा चुरोटिरहेका, ठोकिरहेका हुन्छन् । यस तरिकाले लाहाँचेको सम्पूर्ण शरीर आफ्नो दिमागलाई नोक्सानबाट बचाउन सङ्घर्षरत हुन्छ । उनीहरूले रूखमा हिर्काउँदा केही बेरको अन्तरालमा आराम लिन्छन् ।

यो ऊर्जा खपतको अक्किल बुझ्ने इन्जिनियरहरूका लागि ठूलो शिक्षा हुन सक्छ । विशेषगरी जो यातायातसँग सम्बन्धित छन्, जसले यातायातको इन्जिनियरिङ गर्छन्, तिनका लागि ज्यादै महत्त्वपूर्ण हुन सक्छ । विश्वको सबैभन्दा टकराव-प्रतिरोधी जनावरहरूको टाउको, दिमाग र शरीर विज्ञानको संरचना, त्यसबारे अझ ठूलो ज्ञानले मानिसलाई भविष्यमा अझ राम्रो सुरक्षा सुविधा निर्माण गर्न मद्दत गर्दछ ।

लाहाँचे चराको आवाज प्रतीकात्मक पनि हुन्छ । यसका नयाँ अवसरहरूबारे बुझ्नाले मानिसको बुझाइलाई फराकिलो बनाउन सहयोग पुग्छ । वरिपरि रहेका कमजोरलाई रक्षा गर्न र तपाईंको सिर्जनात्मकता अनि नवीनता हटाउन शक्ति दिन आवश्यक छ । लाहाँचेको ध्वनिले त्यसलाई सङ्केत गर्छ ।

प्रतीकवाद बुझ्नुले संसारका विभिन्न चक्र, बान्की र ताल बुझ्न मद्दत गर्छ ।

प्रतीकवादले कसरी आफू, अन्य मानिस र संसारले काम गर्छन् अनि आफूले कसरी उन्नति गर्नुपर्छ भनेर अनुकूलित पार्ने मानिसको बुझाइको ढोका खोल्छ । यो भविष्यवाणी र चेतावनीले पृथ्वीसँग कसरी सम्पर्कमा रहने भन्ने सिकाउँछ ।

लाहाँचेको प्रतीकात्मकता हाम्रो जीवनमा ढकढक्याउने नयाँ अवसरहरूसँग सम्बन्धित छ, जसमध्ये प्रायः हामीले बेवास्ता गरिरहेका हुन्छौं । प्रतीकवादको ज्ञानले हामीलाई परिवर्तनहरूमा हाम्रो ध्यान केन्द्रित गर्न र हाम्रो जीवनमा के भइरहेको छ याद गर्न मद्दत गर्दछ ।

यो जागरूकताले हाम्रो प्राकृतिक ऊर्जा र रचनात्मकतालाई बढाइदिन्छ । अवसरहरू साकार पार्न प्रेरित गर्छ ।

लाहाँचे एउटा आत्मिक प्राणी हो । यसले यो समय हाम्रो तालमा अघि बढ्ने र सांसारिक हस्तक्षेपले हामीलाई विचलित नगरीकन अवसरहरूको ढोकाबाट अगाडि बढ्ने समय हो भनेर पनि उजागर गर्छ ।

संसारले तपाईंको उदारता र दयालुपनको निरन्तर दुरूपयोग गर्न कोसिस गरिरहेको हुन्छ । यसैले तपाईंको खोजीको बीचमा, तपाईंको सतर्कता र दयालुपनको बीचमा सन्तुलन कायम गर्नुपर्ने हुन्छ ।

प्रतीकात्मक हिसाबले काठफोरहरूको अर्थ हो– पहल लिनु, फर्किनु, सन्तुलन, विवेक, सञ्चार, अवसर, सङ्केत गर्नु, निर्धारण, प्रतिबद्धता, प्रगति, ध्यान दिनु, सतर्कता र संरक्षण गर्नु ।

काठफोरका धेरै खाले आवाज हुन्छन् । तीमध्ये एउटालाई ड्रमिङ भनिन्छ । ड्रमिङलाई अङ्ग्रेजीमा ट्याटुइङ, ट्यापिङ र न्यापिङ समेत भनिन्छ । काठफोरले ध्वनिको ढाँचा सिर्जना गर्न एक गुञ्जायमान वस्तु (काठ) लाई छिटो ठोक्ने, हिर्काउने काम गर्दछ । बासस्थानको प्रकृति र निर्भरताअनुसार काठफोरहरूले आवाज निकाल्न जेमा हान्छन्, ती हान्ने वस्तु प्राकृतिक र कृत्रिम दुवै वस्तु छनोट गर्न सक्छन् ।

रूखमा टटर्र टटर्र हान्नुका कारण धेरै छन्– पोथी वा भाले बोलाउन, प्रेमको सङ्केत गर्न, शत्रुलाई परै जा, जोरी नखोज्, यो मेरो क्षेत्र हो भनेर सूचना दिन, सजग गराउन । रूखका बोक्रामा लुकेका कीरालाई बाहिर निकालेर कप्लक्क निल्न । रूखमा टोड्को पारेर गुँड बनाउन ।

साना काठफोरहरूले सामान्यतया साना वस्तुमा हिर्काउँछन् । जब कि ठूला अनि अधिक शक्तिशाली काठफोर अधिक ध्वनि निस्किने वस्तुमा लाग्छन् र ठूलै जोडले हिर्काउँछन् । ड्रमिङको वास्तविक ढाँचा काठको धोद्रोपन, लय, लम्बाइ र जातिहरूका आधारमा भर पर्छ । त्यसै आधारमा आवाज र लयमा भिन्न हुन्छ । र प्रायः प्रजातिहरूको भिन्नताअनुसार विशिष्ट ड्रमिङ आवाज र बान्की हुन्छ ।

काठफोरसँग विशेष शारीरिक रूपान्तरण गर्न सक्ने क्षमता हुन्छ, जसले आफूलाई चोट नपुऱ्याई कठोर वस्तुहरूमा छिटो र दोहोऱ्याएर हान्न मद्दत गर्छ ।

बाक्लो खोपडीले चराहरूको दिमाग र कडा प्रभावको टाउकोमा गद्दा राखेर सुरक्षित, कमलो पारे जस्तो हुन्छ । र कडा घाँटीका मांसपेशीहरूले तनावबिना लामो समयसम्म हिर्काउन सहज बनाउँछन् ।

तिनीहरूको ठुँड पनि बाक्लो, सीधा र हिर्काउँदा निस्किन सक्ने प्रभावहरूको सामना गर्न सक्ने कडा हुन्छ । ठुँडमा हुने कडा झुम्मिएका रौंले काठ वा धूलो कणको सानो टुक्रालाई ड्रमिङ गर्दा (हिर्काउँदा) निकाल्न मद्दत गर्छ । त्यसैले चराका आँखा खुम्चिँदैनन् ।

काठफोरले रूखमा किन हिर्काउँछन् भन्ने प्रश्न उठ्नु स्वाभाविक हो । अन्य गीत गाउने चराहरूसित झैं काठफोरसँग उनीहरूको एभियन (चरा वर्ग) शब्दावलीको अंशका रूपमा विशिष्ट गीत हुँदैन । यसको सट्टा ड्रमिङ (हिर्काउनु, ढोल बजाए जस्तो आवाज निकाल्नु) भनेको यी चराहरूको सञ्चार गर्ने तरिका हो । काठफोरले जीवनसाथी आकर्षित गर्न वा आफ्नो क्षेत्र अनि बासस्थानको विज्ञापन गर्न वा प्रचार गर्न, अरूलाई यो मेरो क्षेत्र हो भनेर जानकारी दिन ठोक्ने गर्छन् ।

यसबाहेक काठफोरले स्थानीय रूपमा कुनै सङ्केत दिन पनि ड्रमिङ गर्ने गर्छन् । जोडी बनेका भालेपोथी काठफोरले ड्रमिङ प्रयोग गरी एकअर्कालाई खाद्य स्रोतबारे थाहा दिन वा गुँडमा मलाई तिम्रो सहयोग चाहियो, आऊ भनेर बोलाउन हुन सक्छ । काठफोरले नजिकै लुकिरहेको सिकारीबारे सतर्कता र धम्की बढाउन पनि ड्रम गर्न सक्छन् ।

जब एउटा काठफोरले काठमा हिर्काउँछ, त्यसबाट निस्किने ध्वनि अन्य पक्षीहरूले टाढाटाढासम्म सुन्न सक्छन् । अन्य काठफोरले ध्वनिलाई यसको ढाँचा र आवाजले चिन्न सक्छन् । उही प्रजातिका चरालाई ड्रमिङका माध्यमबाट सम्भावित जोडीहरूतर्फ आकर्षित गर्न सक्छ । त्यही समयमा ड्रमिङले प्रतिस्पर्धीहरूलाई सतर्क गराउँछ, नजिकको क्षेत्र मेरो हो भनेर त्यो आवाज निकाल्नेले दाबी गरेको हुन्छ । बलियो, हैकम चलाउन सक्ने काठफोरले आफ्नो क्षेत्र, बासस्थानको रक्षा गर्न सक्छ, जसले राम्रो ड्रमिङ उत्पादन गर्न सक्छ । ड्रमिङको गुणस्तर, यसको खण्ड र पुनरावृत्तिहरूको सङ्ख्याले तिनको स्वास्थ्य, शक्ति र चराको प्रभुत्वलाई विज्ञापन गर्न मद्दत गर्छ ।

चराको गीतहरू झैं डमिङ पनि सामान्य कुरा हो चराहरूमा । हिउँदको अन्त्य र वसन्तको सुरूमा प्रायः सामान्य हुन्छ, जब चराहरूले जीवनसाथीलाई आकर्षित गर्न र क्षेत्रहरू स्थापना गर्न कोसिस गर्दै हुन्छन् । काठफोरहरू प्रायः बिहान धेरै ठोक्छन् । जब कि केही ड्रमिङ दिनको कुनै पनि समयमा सुन्न सकिन्छ । भाले र पोथी दुवै चराले ड्रमिङ गर्छन् ।

दोहोऱ्याएर ड्रमिङ गर्दा काठको सतहमा साना थुप्रै प्वाल बन्छन् । काठफोरहरूले हिर्काएर बनाएका प्वालमा खराब मौसम र बचेरा हुर्काउने यामका लागि खाद्यान्न जम्मा गरेर पनि राख्छन् । अर्थात् तिनले यसलाई अनुपयुक्त समय, अवस्था र यामका लागि खाद्यान्न थुपारेर राख्ने भकारीका रूपमा पनि प्रयोग गर्छन् ।

विकास कि विनाश ?

बसाइँसराइमा जानु भनेको चराका लागि जुवा खेल्नु जस्तै हो । चरा थकाइ, तनाव, वातावरणीय विपत्तिदेखि तिनलाई सिकार बनाउन कुरेर बस्ने भोका शत्रुहरू सबैको जोखिम मोलेर यात्रामा हिँड्छन् ।

नीलटाउके हाँसलाई अङ्ग्रेजीमा मालार्ड डक भनिन्छ । यी चरा नेपालमा पनि जाडोयाममा लामो दूरीको बसाइँ सरेर पुगेका हुन्छन् । यी जस्तै नेपालमा करिब २६ प्रजातिका पानीहाँस बसाइँ सरेरै पाहुनाका रूपमा पुग्छन् । ती पानीकै स्रोतवरिपरि हुन्छन् । एकाबिहानै सूर्यको किरणसितै यी पानीको तलाउछेउमा पोथी कुरेर बस्छन् । गर्मीयामको सुरूतिर धेरैजसो पोथी बचेरा

हुर्काउन वा फूल पार्न गुँडमा बसेका हुन्छन् । त्यही बेला पोथी नपाएर भालेहरू बहुलाउँछन् । अनि पोथीलाई एक्ल्याउन बचेरा मारिदिने कोसिस पनि गर्छन् । कि छेकाटे हानेर पोथीलाई बचेराबाट अलग्याउँछन् । कि केही भाले मिलेर पोथीलाई न्याकीन्याकी बलात्कार गर्छन् । यी भाले कुन पोथी आउली भनेर तालको छेउमा कुरेर बसेका हुन्छन् ।

चराहरूमा बलात्कार धेरै नै प्रजातिमा हुन्छ । तर अति बलात्कार हुने यही चरामा हो । कतिपय भाले त बलात्कार गर्ने ध्याउन्नमा दिनैभरि बिताउँछन् । अनि साँझ परेपछि हतारहतार गरेर गाँडमा आहारा भर्छन् र गुँडतिर लाग्छन् ।

हो, यसरी एकतमासले आहारा टिप्दा यिनलाई कि सिकारीले निसाना लगाउँछ, कि अरू मांसाहारी जीवले कन्याप्प पार्छन् । गर्मीयाममा यस्ता चराको चर्तिकला हेर्न साह्रै गजब हुन्छ । तर लामो अवलोकन र चराहरूको आनीबानीसम्बन्धी ज्ञानले मात्रै चराका क्रियाकलाप बुझ्न सक्ने बनाउँछ ।

गर्मीयाममा तालवरिपरि अग्ला पर्खाल, बत्तीको टावर र खम्बासमेत नहेरी यी चरा उड्छन् । वर्षौंदेखि एकै थलोमा बस्ने हुनाले तिनलाई विकासका नयाँ संरचनाको उति हेक्का पनि नहुन सक्छ ।

विकासले सधैं मानव हित मात्रै गर्दैन, कालान्तरमा विनाश पनि गर्छ । नदीछेउका घरटहरा प्रस्ट उदाहरण भइहाले । तर हावा, बिजुलीबाट बिजुली निकाल्न गरिने विकास पनि सधैं हितकारी हुँदैनन् । प्रकृतिको विनाश हुँदा मानव विनाशसँगै जोडिएर आउँछ । यद्यपि ती कति छिटो र कति ढिलो भन्ने मात्रै हो ।

हामी नेपालमा हावाबाट चल्ने, सौर्य ऊर्जालगायत बिजुली उत्पादनको बहस गरिरहेका छौं । अहिले त्यस्ता विकासका कामले कति क्षति पुऱ्याउँछ भनेर विश्वभरि खासगरी विकसित देशमा चर्को बहस सुरू भएको छ । बेलायतस्थित बर्ड लाइफ इन्टरनेसनलले सरोकारवालालाई एकै थलोमा जम्मा पारेर यही विषयमा विश्व स्तरको सम्मेलन गरिसकेको छ । विश्वभरिका संरक्षणवादी, वातावरणवादी र चराविद्ले सम्बन्धित क्षेत्रका विज्ञ, सरकारका महत्त्वपूर्ण नीतिनिर्माण तहमा बसेकाहरू बहसमा जुटेका छन् ।

हावा, सूर्य र बिजुलीका खम्बा कहाँ र कस्तो ठाउँमा बनाउनुपर्छ, अनुसन्धान र वातावरणीय प्रभाव मूल्याङ्कन नगरी बनाइने त्यस्ता विकासले प्रकृतिलाई कति क्षति पुऱ्याउँछ भनेर उनीहरू छलफल गरिरहेका छन् । यस्ता खम्बा चरा उड्ने मूल मार्गमा बनाइयो भने तिनले हजारौं चराको जीवन सखाप पार्छन् ।

नेपालमा खासगरी हिमाली र पहाडी भेगमा धेरै चरा साँघुरो घाँटी भएर बसाइँसराइ गर्छन् । त्यस्तो मार्ग पहिचान नगरी यस्ता खम्बा बनाइयो भने हामीले हजारौं प्रजातिको ज्यान लिन सक्छौं । विदेशका समथर फाँटमा हावाबाट निकालिने

बिजुलीका खम्बा देखेर नेपालमा पनि यस्तै बनाउन पाए भन्दै नक्कल गर्नु हाम्रा लागि विनाशकारी पनि हुन सक्छ । यस्ता खम्बाले चराहरूलाई अवरोध पुऱ्याउँछन् । खासगरी हतारमा उड्दा, शत्रुको आक्रमण छल्ने बेला आत्तिएर भाग्दा, कुहिरो, हिमपात, हावाहुरीले नजिकैको दृश्य छोपिँदा ती भकाभक ठोक्किँदै मर्दै गर्न सक्छन् । नाङ्गा तारहरूमा छुँदा बिजुली लागेर मर्न सक्छन् ।

मानवका लागि विकास अपरिहार्य हो । तर त्यसका लागि कम्तीमा वातावरणीय प्रभाव मूल्याङ्कन, वातावरणवादी, संरक्षणवादीको सुझाव र उपयुक्त स्थल छानेर मात्रै विकास गरिनु प्रकृति र मानव दुवैको हितमा हुन्छ ।

जति लसपस उति फाइदा

थुप्रै महिलासँग यौन संसर्ग राख्ने पुरूषको हालत हाम्रो समाजमा के हुन्छ ? ऊ यौन दुराचारीमा गनिन्छ । कारबाहीको भागी त हुन्छ नै, समाजमा नाकै देखाउन मुस्किल पर्छ । सामाजिक बेइज्जत त छँदै छ, थुप्रै महिलाबाट जन्मिएका बालबचेरालाई कसरी पाल्ने ? तर हाम्रै समाज वरिपरि यस्ता पनि जीव छन्, तिनलाई जति धेरै पोथीसँग लसपस गर्‍यो, उति फाइदै फाइदा हुन्छ । जति धेरै पुरूष पछि लाग्यो, उति नै तिनको सानमान तथा हैकम चर्को हुन्छ । हाम्रै पुर्खा भनेर चिनिएका बाँदर जाति ऋतुकालका बेला सके जति र भेटिएसम्म पोथी खोज्दै डुल्छन् ।

बाँदरका धेरै प्रजातिमध्ये तिनका बानी र क्रियाकलाप अलग भए पनि केही बानी र

क्रियाकलाप मिल्दाजुल्दा हुन्छन् । यौनको क्रियाकलाप ठ्याक्कै समान नभए तापनि प्रायः धेरैको मिल्छ । जति धेरै पोथीसँग यौन संसर्ग राख्न सक्यो, भालेहरू उति सफल मानिन्छन् । जति धेरैलाई गर्भिणी बनाउन सक्यो, उति राम्रो मानिन्छन् । सामाजिक जिम्मेवारी केही छैन । यौनको स्वाद लियो, गर्भिणी पाऱ्यो, छाडिदियो । यस्तो कुनै जिम्मेवारी लिनु नपर्ने भएपछि उसलाई टाँस्सिएर बसिरहनुपर्ने जरूरी भएन ।

बाँदरहरूको यौनाकाङ्क्षाको समय यस्तो बेला, यही महिनामा हुन्छ भन्ने केही छैन । जहिले पनि हुन सक्छ । तर अन्य याममा भन्दा शरद्कालमा बढी हुन्छ । यति बेला बाँदरहरूको अनुहार बढी रातो हुन्छ । यौनाकाङ्क्षाका बेला पोथीको अनुहार पनि रातो हुँदै आउँछ ।

सायद सम्भावित जोडीबारे तिनमा अग्रिम जानकारी भएर होला, धेरैजसो बाँदर जातिमा शारीरिक गरगहना वा सुन्दरताले थोरै भूमिका खेल्छ । बरू उच्च सामाजिक चलाखी र ज्ञानले महत्त्वपूर्ण भूमिका खेल्छ । गुप्ताङ्गको वरिपरिको चम्किलो छाला, गर्धन र टाउकाको रौं, गालाको उठेको भागलगायत शारीरिक अङ्गलाई यौन छनोटका रूपमा प्रयोग गर्छन् । अपरिचितसँगको भेटमा आँखाले देखिने सङ्केत महत्त्वपूर्ण हुन्छन् । भालेहरू प्रायः ऋतुकाल नभएका बेला छुट्टै समूहमा बस्ने हुनाले ऋतुकालमा भालेहरूले बैंसालु पोथी कुन हो पत्ता लगाउन खोज्छन् । यस्ता पोथी पत्ता लगाउने भालेहरूमा विशेष खुबी र अनुभव हुन्छ । कुनै भाले यस्तो क्षमता नभएर जिल्लिने पनि हुन्छन् । पोथीलाई पनि यौनको चाख छ भने उसले झन् बढी चाख दिन्छे ।

वैज्ञानिक चार्ल्स डार्बिनले यौनेच्छा जागेका बेला रातो बाँदर (रेसस मङ्की) का पोथीहरूको दुवै पुट्ठाका रौंविहीन छाला रातो हुने बताएका थिए । यो रातो छाला पोथीहरूले भालेलाई सङ्केत दिन देखाउने गर्छन् । यौन चाहना भएका बेला भाले कराउँदै हिँड्छ । त्यो रातो छाला (बटक) देखाएर उफ्रने, त्यसलाई औंलाले चलाउँदा आनन्द मान्ने गरेको चिडियाखाना र पार्कहरूमा अवलोकन पनि गरिएको छ । पोथीहरूको पनि समान व्यवहार देखिएको छ । बैंसालु अवस्थाका भालेपोथीको अनुहार रातो हुँदै आउँछ । यस्तो अनुहारले टेस्टोस्टेरोन हर्मोनको सङ्केत गर्छ । यो हर्मोन बढी हुने जनावर सुन्दर, बलिया र निरोगी हुन्छन् । यिनमा प्रतिरोधी क्षमता बढी हुन्छ ।

त्यस्ता भालेको संसर्गबाट स्वस्थ बच्चा जन्मिन्छन् । हुन त पोथीहरूले पनि केही भालेसँग सम्भोग गराउन सक्छन् । त्यसपछि ती भालेका वीर्यमध्ये छानेर उपयुक्तलाई मात्रै भित्र गर्भाशयमा पठाउँछन् । कमजोर, अनावश्यकलाई बाहिर फालिदिन सक्छन् । त्यसैले सम्भोगअगाडिको भन्दा सम्भोगपछाडि पोथीले गर्ने छनोट पद्धति बढी सफल मानिन्छ । किनकि सम्भोगपछि आफ्नो वास्तविक परिचय लुकाउन भालेलाई सजिलो हुँदैन ।

प्रायः एक साता सँगै बसेपछि भाले र पोथीको त्यो चौबीसै घण्टा टाँसिने, चुम्बन गर्ने रहर मेटिँदै जान्छ । अँगालोमा बाँधिने, जुम्रा हेरिदिने, कनाइदिने ती जोडीले

साता दिनपछि खासै वास्ता गर्दैनन् । केही समय आनन्द हुन्छ, मोजमस्ती हुन्छ । भाले मस्ती गरेर हिँड्छ । दुःख र जिम्मेवारी पोथीलाई सुरू हुन्छ । किनभने पोथी गर्भवती हुन्छे । बच्चा हुर्काउँछे । भालेलाई कुनै वास्ता हुन्न । आफ्नो बच्चा पनि सायद भालेले चिन्दैन ।

वसन्तकालमा धेरै चिसो हुने र जङ्गलमा कम खाना भएका बेला बच्चा हुर्काउन अप्ठ्यारो नपरोस् भनेर उपयुक्त मौसम मिलाएर प्रजनन गर्छन् । हनुमान लङ्गुर (बोलीचालीको भाषामा ढेडुवा) एउटा भालेले धेरै पोथी लिएर बस्छ । धेरै भाले बसेको खण्डमा धेरै पोथी वा मिश्रित समूहमा बस्छन् । भालेहरू यौनाकाङ्क्षित पोथीका निम्ति मारमुङ्ग्री गरिरहन्छन् । एकअर्कासँगको लडाइँमा बङ्गाराले हान्छन् । यौनको तिर्खा यति खतरा हुन्छ कि, लडाइँमा चोटपटक लाग्ने, रगत बग्ने र मृत्युसमेत हुन्छ । यो उच्च जोखिम, उच्च फाइदा रणनीति हो ।

लडाइँमा हारेका छेरूवा र पोथीहरूले नपत्याएका लुतेहरूको भागाभाग हुन्छ । ती बरालिँदै एक्लै हिँड्छन् । आफ्नो समूह छाडेर बाटो लाग्छन् । कुनैकुनै भाले त कहिलेकाहीँ मानव बस्तीतिर पनि पस्छन् । ऋतुकालभरि आफ्नो समूहबाट अलग्गिएर बस्तीतिर आतङ्क मच्चाउँछन् । उता बलिया भालेहरूबाट लगारिनुपरेको रिस बस्तीका मानिसहरूमाथि टोक्ने र चिथोर्ने गरेर पोख्छन् । मुख्य ऋतुकाल सकिएपछि यस्ता नामर्द भालेहरू फेरि आफ्नै समूहमा फर्कन्छन् ।

अफ्रिकाको जङ्गलमा पाइने बबुन भनिने बाँदरका भालेले त झन् पोथीहरूलाई नियन्त्रणमा राख्न बलिया दाह्राले टोक्छन् । यातना दिएर आफ्नो बनाइराख्ने यिनको आफ्नै शैली छ । त्यसैले यो जातिमा अन्य भालेले लुकीचोरी सम्भोग गरेर बच्चा जन्मिने घटना लगभग सुनिँदैन । आफ्नै पोथीलाई टोकेर, घाइते पारेर सम्भोग गर्ने प्रक्रिया झट्ट सुन्दा प्रतिगामी, अत्याचारी, निष्ठुरी जस्तो लाग्छ । प्रश्न उठ्छ– आफ्नै पोथीलाई तड्पाएर भालेले के पाउँछ ?

तर प्रकृतिको नियमअनुसार भाले र पोथीको विकासक्रमको चाख नै मेल खाँदैन । भालेले यसो गर्दा पोथीले उसको बीजबाट भाले मर्नुअगावै बच्चा जन्माउँछे । त्यस्ता भालेका वंश धेरै फैलिन्छन् । यो त्यति सहज र राम्रो तरिका जस्तो त लाग्दैन । तर प्राकृतिक विकासक्रमको तर्क र सिद्धान्तले त्यही भन्छ ।

बाँदरको नजिक पुग्दा मानिसहरूलाई आँखा जुधाएको पाइन्छ । त्यसका मूलतः दुई कारण छन् । पहिलो, झगडा वा आक्रमण गर्न । दोस्रो, यौनक्रिया गर्न । त्यसैले बाँदरलाई कसैले नियाल्यो भने उसले कि आफूलाई आक्रमण गर्न खोज्यो भन्ने सोच्छ, कि सम्भोगको रहर गऱ्यो भन्ने बुझ्छ । त्यसैले बाँदरहरूले मानिसमाथि आक्रमण गर्छन् ।

मानिस र बाँदरबीच अर्को समानता पनि छ । मानिसमा झैं तिनमा पनि यौनरोग लाग्छ । मानिसलाई लाग्ने टाइफाइड, रूघाखोकी, क्यान्सर, टिबी, जुका, झाडापखालालगायत धेरै रोग बाँदरलाई पनि लाग्छ ।

नक्साबिनै हजारौं किमि यात्रा ?

मोनार्क पुतलीहरूले कसरी बाटो पहिल्याउँछन् भनेर लामो समयदेखि मानिस अचम्ममा पर्दै आएका छन् । यी पुतली क्यानडा र अमेरिकादेखि मेक्सिकोसम्म पुग्छन् । यीसित कुनै नक्सा हुन्न । कम्पास बोकेका हुँदैनन् । त्यत्तिकै उड्छन् । तिनले न्यूनतम अभिमुखीकरण (बेसिक ओरियन्टेसन) र जमिनका सङ्केतलाई प्रयोग गर्छन् । आधार बनाउँछन् । तिनलाई चिह्नका रूपमा प्रयोग गर्दै हजारौं माइल उडेर जाडोयाम काट्ने ठाउँसम्म पुग्छन् ।

पुतलीको उडानको ढाँचा, बान्की (फ्लाइट प्याटर्न) ती पुतली विस्थापित र स्थानान्तरित हुँदा बदलिन्छ कि बदलिँदैन भनेर अनुसन्धान गरियो ।

मोनार्क पुतलीहरूले मेक्सिकोसम्म पुग्ने बाटो पहिलो पटक कसरी पत्ता लगाउँछन् भनेर ५० वर्षदेखिको बसाइँसराइको तथ्याङ्क पनि अध्ययन गरिएको थियो ।

आफ्नो सम्पूर्ण जीवनकालमै मोनार्क पुतलीले एक पटक मात्रै पूर्ण बसाइँसराइको यात्रा गर्छ । पुतलीको उडानको बान्की, ढाँचा र तथ्याङ्कले के बताउँछ भने, जब पुतलीहरू हावाले घचेटिन्छन् वा धकेलिन्छन्, आफ्नो मार्गबाट गन्तव्यमा पुग्न तिनले जमिनका मुख्य चिह्न प्रयोग गर्छन् । मोनार्क पुतलीहरूले हरेक वर्ष उडेर पार गर्ने दूरी हेर्दा लामो समयदेखि वैज्ञानिकहरूले पुतलीहरूमा दिशासूचक हुन्छ भन्ने विश्वास गर्दै आएका थिए ।

सही दिशानिर्देशक हुन साथमा कम्पास र मानचित्र हुनुपर्छ । मोनार्क पुतलीले आन्तरिक सङ्केत या इसारा प्रयोग गर्छन् भन्ने केही समयदेखि मात्रै वैज्ञानिकहरूले पत्ता पाएका हुन् । त्यो आन्तरिक सङ्केत भनेको सूर्य र जमिनको चुम्बकीय क्षेत्र हो । त्यो पुतलीको शरीरमा कम्पास झैं बनेको हुन्छ, जसले तिनको अक्षांश (लेटिच्युड) सङ्केत गर्छ । तर आन्तरिक मानचित्र हुन अक्षांश र देशान्तर (लङ्गिच्युड) दुवैको ज्ञान हुनुपर्छ ।

मोनार्क पुतलीहरूले उत्तर अमेरिकाबाट मेक्सिको पुग्न दुई हजार पाँच सय किमि दूरी उड्दा पनि आन्तरिक मानचित्र प्रयोग गरेको पाइएन । बरू तिनले समुद्रको तट, चट्टानयुक्त पहाड र हिमालहरूको पदचिह्नलाई आधार बनाए ।

यी कीरा एक ग्रामभन्दा पनि कम तौलका हुन्छन् । कहिल्यै नपुगेका, नदेखेका ठाउँमा हजारौं किमि उडेर सामान्य तरिकाले नै पुग्नु अचम्मलाग्दो तथ्य हो । मोनार्क पुतलीहरूले हरेक वर्ष मेक्सिकोको मध्यभागस्थित एउटै थलो प्रयोग गर्छन् । यो रहस्यमय हो । कसरी तिनले मेक्सिकोको यही थलो सियोले रोपे झैं सोझ्याउँछन् । बसाइँ सर्ने चरा र अन्य जीव झैं सायद यिनले पनि बास्नालाई माध्यम बनाउँछन् कि ? यो रहस्य पत्ता लाग्न भने बाँकी नै छ ।

यात्राअनुसार पखेटा

पुतलीहरू बसाइँ सर्छन् भन्ने सुन्दा पनि धेरै मानिस छक्क पर्छन् । त्यो कीरो के बसाइँ सर्ने ? त्यति साना पखेटा फित्लिङ फित्लिङ पारेका भरले कहाँ पो पुग्ने ? सानो हावाले पनि बत्ताइदिन सक्ने त्यस्तो जीव कति टाढा पुग्नु ? तर कुनै पुतली देशकै सीमा नाघेर, राष्ट्रिय पर्खाल भत्काएर बसाइँ सर्छन् । तिनलाई कुनै कागजी भिसा चाहिन्न । मौसमअनुकूल बनिदिएर स्वतन्त्रपूर्वक उड्न पाउने भिसा दिए पुग्छ ।

मोनार्क बटरफ्लाई (पुतली) असाध्यै लामो यात्रा गर्छन् । त्यही लामो दूरीको यात्रा गर्दा ठूलो र फैलिएको पखेटा विकास गरेका छन् । यो लामो यात्रा गर्ने मोनार्क पुतलीहरूको पखेटा तिनका निकटका अन्य नातेदारको भन्दा लामो छ । यस्तो लामो पखेटाले उडानको क्षमता बढाइदिन्छ ।

त्यसो त सबै मोनार्क पुतली बसाइँ सर्दैनन् । पुतलीमा मात्रै होइन, यस्तो धेरै जीवमा हुन्छ । चराहरूमा यस्तो धेरै प्रजातिमा हुन्छ । पेन्टेड स्ट्रोक भनिने भुँडीफोरहरू कुनै बसाइँ सर्छन्, कुनै सर्दैनन् । बाह्रै काल एकै ठाउँमा बसिरहन्छन् । पहाडी क्षेत्रका बट्टाई कतिपय खुटाले हिँडेर नै छोटो दूरीको बसाइँ सर्छन् । बट्टाईहरू प्रायः लामो दूरी उड्दैनन् ।

बसाइँ सर्ने र नसर्ने मोनार्क पुतली छानेर वैज्ञानिकहरूले तिनका पखेटाको ढाँचाबारे सबै अध्ययन गरे । अमेरिकाको पूर्वी भाग र पश्चिमी भागका मोनार्क पुतलीहरूलाई हवाई, कोस्टरिका, फ्लोरिडा र पोयर्तोकोका बसाइँ सर्ने पुतलीसित तुलना गरे । प्रयोगशालामा हुर्काइएका मोनार्क पुतलीको वातावरणीय कारणले फरक पार्न सक्ने आकार र ढाँचाको नाप लिए । पुतलीपिच्छे तिनले पखेटाको वंशाणुगत भिन्नता र पखेटाको ढाँचाको पनि अध्ययन गरे ।

त्यो सबै अध्ययन गर्दा पत्ता लाग्यो– लामो दूरीको बसाइँसराइ गर्दा सबैभन्दा उत्तम पखेटा आकारमा लामो हुन्छ । टुप्पोतिर साँघुरो परेको हुन्छ । यो बसाइँ सर्ने र नसर्ने चराको अध्ययनमा पनि आधारित छ । साँघुरो टुप्पोले कर्षण (तान्नु, खिचिनु) लाई घटाउँछ । त्यति मात्रै होइन, अमेरिकामा पाइने बसाइँसराइ गर्ने मोनार्क पुतलीका दुई थरी (पपुलेसन) मध्ये ती दुईको शरीरको आकार पनि फरक हुने रहेछ । ती प्रत्येक समुदायले बसाइँ सर्दा पर्ने आवश्यकतालाई अलिकति भिन्न तरिकाले विकास गर्छन् ।

इस्टर्न मोनार्कको शरीर अलि ठूलो हुन्छ । त्यसले वेस्टर्न मोनार्कभन्दा निकै टाढासम्म बसाइँ सर्नाले उसलाई लामो दूरीको बसाइँ सर्न सहयोग गर्न सक्छ । त्यसले लामो यात्राका लागि इन्धनको काम गर्छ । त्यो बोसो पाँच महिनासम्म जाडोयाम मेक्सिकोमा रहँदा शरीर धान्न सदुपयोग गर्छन् ।

उत्तर अमेरिकाको पूर्वी भागमा पाइने मोनार्क पुतली कीरा समुदायमा पर्छ । यो पुतली कीरा समुदायमै विश्वकै सबैभन्दा लामो दूरीको बसाइँ सर्ने जीव हो । यो लामो यात्राकालमा तिनले थुप्रै जोखिमको सामना गर्छन् । किनभने मोनार्क पुतलीको बसाइँसराइलाई दुर्लभ दृश्य मानिन्छ । दुःखको कुरा पोथी मोनार्क पुतलीहरू पूर्वी अमेरिकामा गत ३० वर्षदेखि घटिरहेका छन् । मोनार्क पुतलीहरू मौसमी तरिकाले सङ्ख्या घट्ने खतरामा छन् । जाडोका बेला मेक्सिको पुग्दा तीव्र आँधीले क्षति गर्छ । तर विश्वव्यापी रूपमा भने मोनार्क पुतलीहरू जोखिममा परेका छैनन् ।

नेपालमा पनि हिमाली, पहाडी क्षेत्रबाट तराईतिर, तराईबाट फेरि माथितिरै पुतली बसाइँ सर्छन् । केही भारततिर पनि पुग्छन् । तर कसरी ? कति समयमा ? के-कस्ता कठिनाइ भोग्छन् ? यस्ता तथ्य आएका छैनन् । नेपालमा पनि यी पुतली पाइएका छन् । तर तीबारे चर्चायोग्य अध्ययन भएको भेटिँदैन । अन्य देशमा पाइएका मोनार्क पुतलीको जानकारीले नेपालमा पनि पुतलीको थप रहस्य पत्ता लगाउन, खोजी गर्न सहयोग मिल्न सक्छ ।

निर्देशन नपाएसम्म भित्रै गुपचुप

आमा नै सबैभन्दा जानकार हुन् । चाहे ती बिरूवाकै आमा किन नहोऊन् । आराबिडोप्सिस प्रायः जता पनि पाइने त्यस्तो फूल हो, जसले वसन्तमा बाहिरको तापक्रम कति छ भनेर आफ्नो सम्झना आफ्ना बीजमा सारिदिन्छ ।

बालीनालीको वंशबारे वैज्ञानिकहरूले गरेको अनुसन्धानअनुसार ठन्डा मौसममा छरेका आराबिडोप्सिसका बीजभन्दा गर्मी मौसममा छरेका बीज छिटो उम्रने पत्ता लाग्यो । ठन्डी क्षेत्रमा केही सातापहिले नै गर्मी सुरू भएर तापक्रम बढे पनि ती गर्मी तापक्रम हुने क्षेत्रमा छरेका बीजभन्दा ढिलै उम्रने गर्छन् । बीज अङ्कुरण हुन त्यसलाई जमिनमुनि तातो चाहिन्छ । जति छिटो जमिनको

तापले बीजलाई ततायो, उति छिटो बीज अङ्कुरण हुने गर्छन् । तर बिरूवामा भने त्यो नियम लागु भएन ।

बेलायतको नोर्बिकस्थित युनिभर्सिटी अफ योर्क र युनिभर्सिटी अफ एक्स्टरका विशेषज्ञहरूले फूल फुल्न भूमिका खेल्ने प्रोटिनको अध्ययन गरेपछि यो तथ्य पत्ता लगाए । उनीहरूले फरकफरक बिरूवाको प्रोटिनले कसरी फरकफरक तरिकाले फूल फुलाउन भूमिका खेल्छ भन्ने तुलना गरीगरी अध्ययन गरेका थिए ।

ठन्डी मौसममा त्यो प्रोटिनको स्तरले बिरूवालाई आफ्नो फलमा टानिन भन्ने तत्त्व उत्पादन गर्न प्रेरित गर्छ । टानिनले बीजको बोक्रा कमलो वा कडा, पातलो वा बाक्लो बनाउने भूमिका खेल्छ । त्यसैले ठन्डी मौसममा बीजभित्र टानिन धेरै उत्पादन गरेपछि तिनको बोक्रा बढी बाक्लो हुनाले उम्रिन बढी समय लाग्छ । किनकि त्यो बाक्लो बोक्राले बीज अङ्कुरणमा ढिलो गरिदिन्छ ।

बीज टुसाउने वा फुट्ने बेला त्यसको बोक्रा कति बाक्लो छ, कति स्वतन्त्र भएर अङ्कुरण हुन सक्छ भन्ने माउ बिरूवालाई जानकारी हुन्छ । त्यसैले बीजले के गरिरहेको छ भन्ने नियन्त्रण माउ बिरूवाले गरिदिन्छ । तर न्यानो मौसममा माउ बिरूवाले प्रोटिनको स्तरलाई बढाएर लिन्छ र तापको फाइदा उठाउँदै छिटो टुसाउन बीजहरूलाई प्रेरित गर्छ ।

तिर्खाउन छाडे रूखबिरूवा

जनावर र मान्छे मात्रै होइन, रूखबिरूवालाई पनि तिर्खा लाग्छ । गर्मी, जाडो, हुरीबतास चलोस्, ती जतिखेर पनि तिर्खाउँछन् । गर्मी धेरै चर्किंदा तिनको आँत पनि छिटो सुक्छ । त्यसैले गर्मी जति चढ्यो, उति बढी तिर्खाउनुपर्ने हो । पछिल्ला वर्षहरूमा त्यसमा कमी भएको छ । यो चिन्ताको विषय हो ।

पृथ्वीमा रूखबिरूवा र वनजङ्गल मासिँदै जाँदा अक्सिजनको मात्रा घट्दै गएको छ । कार्बनडाइअक्साइड भने बढिरहेको छ । अक्सिजन घट्ने र कार्बनडाइअक्साइड बढ्ने गर्दा नदीमा पानीको मात्रा बढ्ने गर्छ । भविष्यमा अझ बढ्नेछ । अमेरिकाको एक्जेटर विश्वविद्यालयको मेट अफिस

हाड्ली सेन्टरका वैज्ञानिकहरूका अनुसार कार्बनडाइअक्साइडको मात्रा बढ्दा रूखबिरूवा र वनस्पतिमा पानी पिउने क्षमता घट्छ । बोटबिरूवाले माटोमा भएको पानी पिउने हो । अर्थात् सोसेर लिने हो ।

त्यसो हुँदा के हुन्छ ? लाखौं रूखबिरूवा र वनस्पतिले पानी कम पिएपछि घट्नुपर्ने पानीको मात्रा नदीमै रहन्छ । अर्थात् नदीमा पानीको सतह बढ्छ । नदीमा यसरी पानीको मात्रा बढ्छ भन्ने तथ्य त पृथ्वीमा बढ्दो तापक्रमको असरले पनि औंल्याइसकेको छ । यसरी रूखबिरूवाले पनि पानी कम पिइदिएपछि नदीको सतह अझ बढ्ने भयो ।

वैज्ञानिकहरूले विभिन्न नदीको ऐतिहासिक अध्ययन गर्दा यो तथ्य फेला पारेका हुन् । बिरूवाका कारण नदीमा बढ्न सक्ने पानीको मात्राको असरलाई वातावरणीय परिवर्तनबाट वर्षामा आएको परिवर्तन जत्तिकै क्षतिपूर्ण हुने वैज्ञानिकहरूको दाबी छ ।

वैज्ञानिकहरूको भनाइमा कार्बनडाइअक्साइडको मात्रा घट्दै जाँदा पानी किफायती हुन्छ र नदीको सतह बढ्छ । पछिल्ला वर्षमा बोटबिरूवा र वनस्पतिले पानी किफायत गर्दै गएका छन् । अर्थात् कार्बनडाइअक्साइडको बढ्दो मात्राले रूखबिरूवालाई कम तिर्खाउने बनाएका छन् । मौसम बदलीबाट उत्पन्न असर कम गर्ने हो र पृथ्वीमा उत्पन्न तापक्रमको प्रभावबाट जोगिने हो भने, वैज्ञानिकहरूको भनाइमा यो प्रक्रियालाई पनि गम्भीरतासाथ लिनुपर्छ ।

कीरा खाने बिरूवा

केहीकेही बिरूवाका पात माटोमुनि समेत उम्रिन्छन् । वैज्ञानिकहरू अचम्ममा परेका थिए, किन होला ? माटोमुनि त खासगरी बिरूवाका जरा हुन्छन् । पोषणतत्त्व वा खान्की भनौं न । त्यो लिन र पानी पिउन हो । घामको स्रोतबाट बाँच्ने बिरूवालाई किन चाहियो माटोमुनि पात ? यो त बिरूवाको एकदम चलाखी पो रहेछ । माटोमुनि पात राखेर त्यस्ता बिरूवाले कीरालाई झ्याप कि झ्याप अक्करमा पार्दै खाँदै गर्ने रहेछन् ।

ब्राजिलका वैज्ञानिकहरूले यसको रहस्य पत्ता लगाएका हुन् । अहिलेसम्म जानकारीमा आएका बोटबिरूवामध्ये मांसाहारी बिरूवा जेनस फिलोक्सिया मात्रै हो । अध्ययनले के देखायो भने,

ती पातले माटोमुनिका नेमाटोड कीरालाई धरापमा पार्छन् । पातले ती कीरा नजिक आउँदा धरापमा पार्दै खाँदै गर्न सहयोग गर्छ । ब्राजिलको केन्द्र भागमा पाइने ओडिटी नामका यी बिरूवाको मुख्य पोषण नै यिनै कीरा हुन् । तिनका आधारमा यो बिरूवाको जीवन धानिन्छ ।

कतिपय मान्छेलाई बिरूवा दिक्कलाग्दो हुन्छ । किनभने ती हावाहुरी र बतास चल्दाबाहेक चल्दैनन्, न त तिनले सक्रियतापूर्वक सिकार नै गर्छन् । बरू दिक्कलाग्दो गरी एकै ठाउँमा ठिङ्ग उभिन्छन् । त्यसैले मानिसलाई बिरूवामा रमाइलो लाग्दैन । तर तिनले पानी पिउने, आफ्नो आहारा लिने, पोषणतत्त्व प्राप्त गर्ने बडो रमाइलो तरिकाको विकास गरेका हुन्छन् । त्यो बुझ्ने हो भने, मानिसका लागि चाखलाग्दो हुन सक्छ ।

आफ्नो अध्ययनलाई पुष्टि गर्न वैज्ञानिकहरूले नेमाटोडलाई नाइट्रोजनमा उत्पादन गरे । त्यसो गर्नुको कारण बिरूवाले कीरा पचाउँछ कि पचाउँदैन भनेर जाँच्नु थियो । प्रयोगशालामा हुर्काइएका बिरूवालाई लगेर ती नेमाटोड कीरा दिए । अनि २४ दिन र ४८ दिनपछि त्यस बिरूवाका पात टिपियो । त्यसपछि ती पातहरूमा भएको रासायनिक अनुसन्धान गरियो । बिरूवाका पातको अनुसन्धान गर्दा नेमाटोडमा भएको नाइट्रोजन पाइयो । यसरी यो बिरूवा मांसाहारी रहेछ भन्ने उनीहरूले प्रमाणित गरेका हुन् ।

अहिलेसम्मको अनुसन्धानमा शून्य दशमलव २ प्रतिशत बिरूवाले मात्रै मासु पचाउने गरेको पाइएको छ । तर ओलिभियराका अनुसार राम्रोसित अनुसन्धान गर्ने हो भने, यस्ता मांसाहारी बिरूवा पाउने अझै धेरै सम्भावना छन् ।

नेपालमा झन् विश्वका अन्य मुलुकको तुलनामा अझ विविधतापूर्ण र अझ धेरै थरीका बिरूवा पाइन्छन् । त्यसैले यहाँ यस्ता बिरूवा पाइन सक्ने अझ ठूलो सम्भावना हुन सक्ला । तर यति सूक्ष्म अनुसन्धान गर्ने कसले ? त्यसका लागि आर्थिक स्रोत र प्रविधि पनि त चाहियो । कसले दिने ? तैपनि नेपाली वनस्पति विशेषज्ञहरूका लागि भने यसले केही शिक्षा दिन सक्छ ।

सेक्सी सुनाखरी

कुखुराका भाले, मत्ता हात्ती, बैंस लागेको साँढे, बोका, घोडा कामुक (सेक्सी) हुन्छन् भन्ने त जानेकै हो, देखिन्छ पनि । तर रूखबिरूवा, वनस्पति पनि कामुक ? वनस्पति जगत्मा सेक्सी प्रजातिहरू, सेक्सी रूखबिरूवा धेरै हुन्छन् । चरा जगत्मा हामीले देख्ने गरेको भँगेरो र वनस्पतिमा सुनाखरी चाहिँ असाध्यै सेक्सी हुन्छ । सुनाखरीले आफ्नै जातको अर्को कुनै बिरूवालाई आकर्षित गर्नुपर्नेमा कीरालाई गर्छ । यसले सेक्स आग्रह (अपिल) का आवाज निकालेर कीरा आकर्षित गर्छ ।

सुनाखरीले लैङ्गिक प्रतारण र चलाखी (सेक्सुअल ट्रिकरी) गरेर परागसेचनकर्ता कीरा (इन्सेक्ट पोलिनेटर) हरूलाई आफूतिर लोभ्याउँछ ।

धेरैजसो फूल फुल्ने बिरूवाले आफूलाई भेट्न आएबापत परागसेचनकर्तालाई मीठो फूलको रस चखाएर पुरस्कृत गरिदिन्छन् । तर तीमध्ये त्यसरी आकर्षित भएर आउने, पोथी पाएँ भनेर दङ्ग पर्दै आउने धेरै कीरालाई सुनाखरीले चलाखी गर्छन् । केहीले यसलाई आहारामा धोका (फुड डिसेप्सन) पनि भन्छन् । तिनले आहारा दिन्छु भनेर धोका दिए जस्तै कसैले कीराका धोकेबाज प्रेमी पनि भन्छन् ।

सुनाखरीहरूले आहाराको बास्ना आउने जस्तो फूल फुलाउँछन् । तर खासमा खान मिल्ने चाहिँ हुँदैन । बाहिर अत्तर छर्केर, मुसुक्क गर्दै मुस्कान दिएर फकाउने अनि सर्वाङ्ग पारेर लुटेपछि भाग्ने महिला जस्तो कीराहरूलाई आकर्षित गरेर झुक्याउन मात्रै हो ।

त्यस्तै अरू सुनाखरीले लैङ्गिक धोका (सेक्सुअल डिसेप्सन) दिने विधि प्रयोग गर्छन् । तिनले यस्तो खालको त्यो फूल फुलाउँछन् कि, पोथी कीरा जस्तो देखिन्छ, पोथी कीराको जस्तै बास्ना आउँछ । मूलतः मौरी वा कुमालकुटी (वाष्प) जस्तो देखिने फूल फुलाउँछन् । त्यो देखेपछि भालेहरू न हुन्, लौ सुन्दर पोथी कुरेर बसेका रहेछन् भन्दै लोभिन्छन् । पोथीसित सम्भोग गर्ने लोभले न्याल काढ्दै हाम फाल्छन् । त्यससित सम्भोग गर्न खोज्छन् । यसो गर्दा के हुन्छ ? तिनले थाहा नै नपाउने गरी अन्जानमै तिनको शरीरमा फूलको पराग जुन धूलो (पोलन) हुन्छ, त्यो टाँसिन्छ । अर्को सुनाखरीमा त्यस्तै पोथी खोज्दै जाँदा वा फूलको रस चुस्न जाँदा त्यो पराग खस्छ । यसरी तिनले एउटा बिरूवामा पोथी खोज्दै हिँड्दा आफू त जिल्लाराम बन्छन् । तर बिरूवाहरूका भाले पोथीबीच चाहिँ गर्भ बसालिदिन्छन् ।

विकासको कोण (इभोलुस्नरी प्रस्पेक्टिभ) बाट हेर्दा लैङ्गिक रणनीति (सेक्सुअल स्ट्राटेजी) अलिकति छक्कपर्दो छ । रस उपलब्ध गराउने वा आहाराको प्रस्ताव गर्ने सुनाखरीले आहारा खोज्ने परागसेचनकर्ता धेरै खालेलाई आकर्षण गर्न सक्छन् । मौरी, कुमालकोटी, झिँगा, कमिला आदि । तर लैङ्गिक प्रदर्शन (सेक्सुअल डिस्प्ले) चाहिँ एक मात्रै प्रजातिको भालेलाई आकर्षित गर्छ । यसको तात्पर्य के भने, पोथी कुमालकुटी (वाष्प) जस्तो देखिने फूलले अरू बिरूवाहरूलाई होइन, भाले कुमालकुटीलाई मात्रै आकर्षित गर्छ ।

त्यसैले यौनाकाङ्क्षा देखाएर डरलाग्दो, तर्साउने र भयजनक तरिकाले आकर्षित गर्न खोज्ने सुनाखरीहरूले सम्भावित परागसेचनकर्तालाई सीमित गर्छन् । किनभने केही सुनाखरीले आवाज पनि निकाल्छन् । यसरी तिनलाई प्रजननका हिसाबले घाटा जस्तो देखिन्छ । स्पष्ट देखिने विभिन्न खाले बेफाइदा, त्रुटिका बाबजुत पनि लैङ्गिक ठगी फरकफरक खाले सुनाखरीमा पटकपटक विकास भएको छ । त्यसैले त्यहाँ कुनै न कुनै छनोटपूर्ण लाभ हुनुपर्छ ।

अनुसन्धाताले इटाली र पश्चिमी अस्ट्रेलियामा ३१ प्रजातिका सुनाखरीको समुदायमा परागसेचन रणनीतिको भिन्नताबारे अवलोकन गरे । तिनले सुनाखरीमा

पाइने पराग (पोलन) को हरेक सुनाखरीबाट झिकेर नापे, जाँचे । जुन अभीष्ट गन्तव्यमा पुगेको एउटै प्रजातिको अर्को सुनाखरीको पराग थियो, त्यसको पनि परिमाण लिए । तिनले के पाए भने लैङ्गिक रूपमा धोका पाएको (सेक्सुअली डिसेप्टिभ अर्किड्स) समूहमा पराग स्थानान्तरण सबलता, सफलता धेरै परागसेचनकर्ता भएका प्रजातिको भन्दा उच्च थियो ।

अर्को शब्दमा भन्नुपर्दा उच्च प्रतिशत पराग जुन लैङ्गिक रूपमा छलिएका सुनाखरीबाट लिइएको हो, वास्तवमा अर्को उही प्रजातिको सुनाखरीबाट बनाइएको थियो । बहुपरागसेचनकर्ता भएका सुनाखरीको पराग तिनको फूलबाट धेरै लिइएको थियो । बहुपरागसेचनकर्ता भनेको के हो भने, एउटै बिरूवाको पराग (बीज वा धूलो) शरीरमा अल्झाएर अरू धेरै कीराहरूमा परागसेचन गर्ने प्रविधि हो । तर त्यो परागमध्ये धेरै हराएको थियो । कि त बाटोमा खसेको थियो वा गलत प्रजातिको फूलमा खसाइएको थियो ।

यसरी एउटै परागसेचनकर्तासित विशिष्टीकरण हुनु र त्योसित सेक्समा भयजनक वा तर्साउने हुनु एकदेखि अर्को सुनाखरीमा सीधा रेखा जस्तो सीधा सम्पर्क भएको देखिन्छ । एउटा सुनाखरीको फूलबाट अर्को सुनाखरीको फूलमा सर्दा कम महत्त्वको पराग ओसारपसारकै क्रममा हराउँछ ।

यो परिणामले के जानकारी गराउँछ भने, फूल फुल्ने बिरूवामा सामान्यीकृतबाट विशिष्टीकृत परागसेचन रणनीतिबारे क्रमिक विकास बदलिनु (इभोलुस्नरी सिफ्ट) हुन्छ । त्यसले विज्ञानका विषयमा नयाँ भित्री जानकारी दिन्छ । सेक्सी सुनाखरीहरू बढी सफल हुन्छन् ।

बिरूवामा पनि हाडनाता करणी ?

हाडनाता करणी मानिसमा मात्रै हुन्न, थुप्रै जनावरमा पनि हुन्छ। बाघमा पनि हुन्छ। यौनक्रिया गर्ने जीवमा त बुझिने कुरो भयो । तर बिरूवामा यौनक्रिया गर्ने अङ्ग नै हुन्न, कसरी हाडनाता करणी ? यस्तो जिज्ञासा लाग्नु स्वाभाविक हो । तर बिरूवा, वनस्पतिका पनि सेक्स गर्ने आफ्नै तरिका हुन्छन् । हामीले हेर्दा तिनका त्यस्ता यौनजन्य अङ्ग देखिन्नन् । तर अङ्ग हुन्छन् ।

तिनका पनि यौनक्रियाका आफ्नै तरिका, अक्कल हुन्छन् । हाडनाता करणीबाट जन्मिने सन्तान स्वस्थ हुन्नन् भन्ने हेक्का रूखबिरूवा, वनस्पतिलाई पनि हुन्छ । त्यसैले तिनले पनि त्यो रोक्न खोज्छन् । बच्न, बचाउन र तर्किन खोज्छन् । तर कसरी ?

बिरूवामा पनि यस्ता घटना असाध्यै हुन्छन् । आफ्नै सन्तानमा यौन भएर उम्रिने बिरूवामा जोखिम हुन्छ । किनभने त्यसरी निस्किनेले आफ्नै परिवारको जिन (आनुवंशिकी) पछिकाले नक्कल गर्छन् । त्यस्तो हुँदा वनस्पतिको अस्तित्वमा सङ्कट पर्न सक्छ । मासिने जोखिम बढ्छ । किनकि एकै वंशमा यौन भएर जन्मिने सन्तानमा रोगसित लड्ने क्षमता कम हुन्छ । ती कमजोर हुन्छन् । प्रतिकूल परिस्थितिसित सामना गर्ने, बाँच्न र हुर्किनका लागि लड्नुपर्ने अप्ठ्यारालाई तिनले सहजै पचाउन सक्दैनन् ।

बिरूवाको सेक्स गर्ने तरिका भनेको परागसेचन हो । अर्थात् साना, मसिना कण, धूलो जस्ता बीजहरूमार्फत हुन्छ । पोथी बिरूवाको मुखमा (फूल फुलेको भागमा) भालेको बीज हावाले वा कुमालकोटी, मौरीलगायत फूलको रस लिने जीवले लगेर छाडिदिन्छन् । हो, त्यही बेला भाले र पोथीबीच सम्भोग हुन्छ । गर्भ रहन्छ । मानिसको यौनक्रियालाई सम्भोग भने झैं बिरूवा, वनस्पतिकोलाई परागसेचन भनिन्छ । त्यस्तो बीज आएर गर्भ बस्ने ठाउँमा खस्दा धेरै बिरूवाले यो मेरो वंशको हो वा होइन भनेर ठ्याक्कै चिन्छन् । आफ्नै वंशको हो भन्ने बुझेपछि तिनले अस्वीकार गरिदिन्छन् । बिरूवामा त्यसरी चिन्ने एउटा आधार हुन्छ । जसलाई अङ्ग्रेजीमा 'मोलिक्युल आइडेन्टिफायर' भनिन्छ । त्यसले आफ्नो वा अर्काको जिन ठ्याक्कै पत्ता लगाउँछ ।

केही वैज्ञानिकले चाहिँ आफ्नै वंशमा परागसेचन गर्ने क्रमलाई निरन्तरता दिए पनि बिरूवाको वंश पातलिन थालेपछि वा नष्ट हुने अवस्थामा फेरि नयाँ विकास गर्छन् । पहिलेकै अवस्था विकास गर्छन् भन्दै आएका थिए । तर म्याकजिल विश्वविद्यालयका अनुसन्धाताले गरेको पछिल्लो अनुसन्धानअनुसार भिन्न तथ्य भेटियो । वैज्ञानिक पत्रिका *प्लस बायोलोजी*मा प्रकाशित अनुसन्धान रिपोर्टअनुसार पराग (बीज) उत्पादन आफैंले गर्ने बिरूवामा त्यो लागु नहुने पाइयो । उनीहरूले पत्ता लगाए, ब्रोकाउली र बन्दागोभी आफैंले पराग (पोलन) उत्पन्न गर्छन् । तिनले आफ्नै वंशको बीज लिँदै गए भने वंश नै सखाप हुन्छ ।

यो अनुसन्धान वनस्पति संरक्षणका लागि कोसेढुङ्गा हुन सक्छ । किनभने आजसम्म लोप भएका धेरै बिरूवाबारे यसले जानकारी दिन सक्छ । बिरूवाको संरक्षणका लागि एकै वंशमा परागसेचन नहोस् भनेर नयाँ तरिका अपनाउन सकिन्छ । यो तथ्यका मुख्य अनुसन्धाता फ्रान्सको लिलनिवासी फँस्वा ज्याकोब हुन् ।

किन बदलिन्छन् बिरूवाका रङ ?

शरद्काल लाग्नासाथ धेरै रूखबिरूवाका पात बदलिएर राता, पहेंला, फुस्रा बन्छन् । यसले धेरैलाई कुतूहल जगाउँछ– किन अकस्मात् पातहरूले रङ बदले ?

शरद्काल लाग्दैमा के हुन्छ त ? उसो भए शरद्काल लाग्दा हाम्रो कपाल चाहिँ किन सधैं कालोको कालै रहन्छ ?

यो खुलदुली र उत्सुकताभित्र ठूलै रहस्य लुकेको छ भन्ने धेरैलाई जानकारी हुन्न । यस्तो उत्सुकता सामान्य मानिसलाई मात्रै होइन, वैज्ञानिकका लागि पनि रहँदै आएको छ । यसमा वनस्पति, जीवजन्तु र रसायनशास्त्रको ठूलो रहस्य छ । शरद्कालका रूखबिरूवा, पात रहरले रातो,

पहेंलो, नीलो वा अन्य रङमा बदलिने होइनन् । लाज वा डरले अनुहार रातो बनाएका पनि होइनन् ।

रूख र बिरूवाले रङ बदल्न विभिन्न खाले रसायन खेलाउन थाल्छन् । रूखबिरूवाको रङ बदलिनु भनेको एकातिर शक्ति बदलिनु हो भने अर्कोतिर कुनै शक्ति वा रसायनको कमी हुनु पनि हो । टानिन्स, सान्थोफिल र कारोटिनेट्स जस्ता तत्त्वका कारणले गर्दा नै रूखबिरूवाका पात झर्ने गर्छन् । जब वसन्त र हिउँद सुरू हुन्छ, तब रूखबिरूवामा टन्न पालुवा लाग्छन् । उजाड वन पूरै हराभरा हुन्छ । त्यसको अर्थ के हो भने, रूखले आहारा लिन थाल्छ । त्यसपछि ती रूखबिरूवाका पातमा क्लोरोफिल तत्त्व भरिँदै आउँछ । त्यसले नै वनभरि हरियो रङ पोतेर हरियाली पारिदिन्छ । अर्थात् बिरूवा र पातमा हरियो रङ भरिने क्लोरोफिल सञ्चार गरिदिन्छ ।

क्लोरोफिल बिरूवाको मखुन्डो जस्तै हो । अर्थात् वास्तविकता छोप्ने अल्पकालीन ढकनी जस्तो हो यो । किनभने बिरूवाले मौसम बदली भएको थाहा नपाउन्जेल, महसुस नगरून्जेल त्यो हरियो रङ रहिरहन्छ । जब रूखबिरूवाले मौसम बदलिएको थाहा पाउँछन्, तब त्यो क्लोरोफिलले बनाएको हरियो रङ अर्थात् त्यो मखुन्डो झर्छ । मौसम बदली सुरू भएपछि बिरूवाले क्लोरोफिल उत्पादन गर्न छोड्छ । अन्य रङ सक्रियतापूर्वक देखापर्न थाल्छन् ।

अचम्म के छ भने, हामी मानिस र अन्य घरपालुवा जीवजन्तुले मखुन्डो लगाएका बेला चिन्न सक्दैनौं । तर रूखबिरूवाको हकमा ठ्याक्कै उल्टो जस्तो लाग्छ । किनभने हरियाली हुँदा महिनौंसम्म चिन्न नसकिएका रूखबिरूवा पनि ग्रीष्म ऋतुमा रङ बदलिएपछि टाढैबाट प्रस्टसित चिनिन्छ । त्यसो त, रूखबिरूवामा देखिने रातो, नीलो, पहेंलो सबै रङ अलगअलग रासायनिक तत्त्वले बनेका हुन्छन् ।

यसरी बिरूवाका रङ बदलिने कारण हो, जब छोटा दिन सुरू भई चिसो बढ्न थाल्छ, तब रूखहरूले क्लोरोफिल नामक हरियो रङ उत्पादन गर्न छाड्छन् । घामको मात्रा घटेपछि धेरै रूखबिरूवामा विकास वा उत्पादनको क्रम घट्छ । पातको तल्लो भागमा हुने आब्सिसियन भनिने मसिना सेल सुक्न थाल्छन् । त्यसले गर्दा क्लोरोफिलको मात्रा घट्छ र फोटोसेन्थेसिस भनिने (रङ बन्ने वा चहकिलो बन्ने) क्रम रोकिन्छ ।

शरद्‌कालमा देखिने अलग रङ बिरूवाले उत्पादन गर्ने होइन । बरू ती त वर्षभरि नै रूखका पातमा विद्यमान हुन्छन् । तिनलाई हिउँद र वसन्त ऋतुमा क्लोरोफिलले छोपेर राखेको हुन्छ । पहेंलो रङ हुनुमा कारोटेन भन्ने तत्त्वको भूमिका हुन्छ । हामीले खाने मकै, गाँजर र फुलको पहेंलो भागलाई पहेंलो बनाउने पनि यही तत्त्व हो । चिनीको रङ इन्थोस्यानिन नामक तत्त्वले गर्दा सेतो बनाइदिन्छ । त्यो चिनीमा पुग्नुअघि वा उखुमा पुग्नुअघि पातमा जम्मा भएर बसेको हुन्छ । बिरूवामा भएका यस्ता रङ कसरी, कुन मात्रामा देखापर्छन् भन्ने कुरा बिरूवाको अम्लमा भर पर्छ ।

रूखबिरूवाले किन रङ बदल्छन् ? वैज्ञानिकहरूले अहिलेसम्म किटान गर्न सकेका छैनन् । प्रकृतिमा यसरी बदलिएको रङले के भूमिका खेल्छ ? प्रकृतिलाई के फाइदा र बेफाइदा छ ? किनभने कुनै कारणबिनै प्रकृतिले आफ्नो शक्ति र सामर्थ्य खर्च गर्नु भनेको दुर्लभ हो । केही खोज र अनुसन्धानले केही तथ्य भने बाहिर ल्याएका छन् । वैज्ञानिकहरूका अनुसार त्यसरी रङ बदल्नुमा बिरूवालाई खासै फाइदा भने हुन्न । रङले बिरूवाको पातको जीवनचक्र समाप्त हुँदै छ भन्ने सङ्केत दिन्छ ।

सदाबहार रूखका पातहरूमा चिसोसित बच्ने (एन्टी फ्रिजिङ) तत्त्व हुन्छ । तिनमा मैनबत्तीले पानी तर्काउने जस्तो तत्त्व (वेक्सी कोटिङ) हुन्छ । त्यसैले चिसो र तातोबाट जोगाएर त्यो हरियो नै रहिरहन्छ । खासगरी ठूला पात भएका रूखसित त्यो नहुनाले ती झर्ने गर्छन् । तर त्यसरी झर्नुपहिले रूखहरूले आफ्नो नाइट्रोजन र फस्फोरसलाई बचाउने वा सञ्चित गरिसकेका हुन्छन् । शरद् ऋतुको दाता (तत्त्व, हावापानी) जे हो, उसलाई ती तत्त्वहरू सुरक्षित गरिसकेपछि पातहरूले रातो, पहेंलो, फुस्रो आदि रङ प्रदर्शन गरिदिन्छन् ।

क्लोरोफिलले हरेक मौसममा रूखका पातहरूलाई रङ भरिदिने काम गर्छ । तर प्रकाश संश्लेषणका लागि यौगिक तत्त्व (फोटोसिन्थेसिस) आवश्यक हुन्छ । यो एक रासायनिक प्रतिक्रिया हो, जसले सूर्यको प्रकाशलाई कार्बोहाइड्रेडमा बदलिदिन्छ ।

त्यसो त शरद् लाग्नासाथ धेरै ठाउँमा तिनका हरिया पात एकाएक राता हुन्छन् । किन ? यसले वैज्ञानिकहरूलाई एक शताब्दीसम्म आश्चर्यमा पाऱ्यो । कुतूहल बनायो । नयाँ सिद्धान्तले भन्छ– रातो वर्णले पातको रस खान र गुँड बनाउन आउने कीराहरूलाई लखेट्छ ।

पातको रन्जक वा रातो बनाउने पदार्थ (पिगमेन्ट) एन्थोसाइनिन भनिने रासायनिक तत्त्वले गर्दा बन्छ । त्यो रातोले कीराहरूलाई यो रूख खान र बस्न अनुपयुक्त छ भनेर सतर्क गराउँछ । शत्रुले आक्रमण गर्न आउँदा सतर्क गराउन वा चेतावनी दिन छेपारा, भ्यागुता र पुतलीले विषाक्त रस फालिदिने चेतावनीको सङ्केत जस्तै हो ।

केही वैज्ञानिकले चाहिँ रातो रङले सूर्यबाट प्रकाशले पातलाई पुऱ्याउने क्षति बचाउँछ भन्ने तर्क पनि गरेका छन् । तिनको शारीरिक अवस्था (फिजियोलोजी) मा परिवर्तन हुने हुँदा जाडोयामको चिसो मौसममा पात छिटो क्षति हुन सक्ने अवस्थामा हुन्छन् ।

छिटो उम्रिन संवाद

बालबालिकालाई एक्लाएक्लै भन्दा मिसाएर राखिदिए ती बढी खुसी हुन्छन् । अरूसित मिसिएर हुर्किने बालबालिका एक्लै हुर्किनेभन्दा छिटो बोल्छन् । बिरूवाहरूमा पनि छिमेकीसित कुरा गर्दा छिटो टुसाउने, पलाउने, हुर्कने गर्छन् । सुन्दा अचम्म लागे पनि यो वैज्ञानिक तथ्य हो ।

सीधा सम्पर्क, रासायनिक सम्पर्क, प्रकाशका माध्यमबाट दिइने सङ्केतलगायत परिचित सम्पर्कका माध्यमलाई रोकिदिँदा पनि खुर्सानीका बिरूवा झन् राम्रोसित हुर्किन्छन् । यसले के सुझाव दिन्छ भने, बिरूवाहरूले नानोमेकानिकल नामक यान्त्रिक तरिकाबाट कुरा गरिरहेका हुन्छन् ।

पश्चिमी अस्ट्रेलियामा विशेषज्ञहरूले खुर्सानीका बिरूवा हुर्काउन खोजे । केही एक्लाएक्लै र केही

बेर्नालाई तुलसीको बिरूवाको नजिक रोपियो । छिमेकमा कुनै पनि बेर्ना नहुँदा बीज अङ्कुरण दर एकदम ढिलो भयो । बिरूवाहरूले खुला तरिकाले निर्धक्कसित बीजसित सञ्चार सम्पर्क गर्न पाउँदा धेरै बीज उम्रिए ।

विशेषज्ञहरूले प्रकाश र रासायनिक सङ्केतले प्रभावित नपारोस् भनेर बीजलाई कालो प्लास्टिकले छोपेर तुलसीको बिरूवाबाट अलग गरिदिए । तैपनि ती खुर्सानीका बेर्नाले तुलसीका बिरूवासित सञ्चार सम्पर्क गरे । एउटा आंशिक प्रत्युत्तर देखिएको थियो । पूर्ण रूपमा हुर्किएका खुर्सानीका बोटलाई बीजसित सञ्चार सम्पर्क अवरूद्ध गरिएको थियो ।

त्यति मात्रै होइन, आफूमाथि आक्रमण हुँदा बिरूवाले ग्यास फालेर प्रतिक्रिया जनाउँछन् । बिरूवा आक्रमणबाट जति तनावमा पर्‍यो, उति नै चर्को सङ्केत गर्छन् । दुःखाइ हुँदा बिरूवा चिरिँएर कराउने गर्दैनन् । एहिनेल ग्यास फाल्छन् । त्यो बेला विविध खाले आवाज निस्किएको हुन्छ ।

बिरूवाहरू अहिलेसम्म निश्चित गर्न बाँकी नै रहेका केही अज्ञात संयन्त्रद्वारा सकारात्मक रूपमा प्रभावित पारेर बीज उम्रन सक्षम हुन्छन् । वैज्ञानिकका अनुसार कोषको भित्री तहबाट नानोमेकानिकल नामक तत्त्व प्रयोगका माध्यमद्वारा ध्वनि सङ्केतहरू निकालेर गर्छन्, जसले नजिकका बिरूवाहरूमा सञ्चार सम्पर्क गराउँछ ।

वनस्पतिलाई ध्वनि प्रदूषणको मार

सहर, बजारमा बस्नेलाई चर्को ध्वनिले असर पारेको त सबैलाई जानकारी भएकै छ । तर बोटबिरूवालाई ? हाम्रै गाउँघर वरिपरिका, हामीले सधैं देख्ने गरेका बोटबिरूवा पनि हामी मानिसले जस्तै ध्वनि प्रदूषणको मारमा परिरहेको सायद कमैलाई जानकारी होला । हामीले प्रत्यक्ष फाइदा लिइरहेका, हरेक दिन देखिरहेका यस्ता रूखबिरूवा र वनस्पतिलाई खति गर्ने माध्यम भने परागसेचनकर्ता र बीज ओसारपसारकर्ता हुन् । तिनको बानीव्यवहारलाई प्रभाव पारेर ध्वनिले सम्पूर्ण पर्यावरणीय संरचनालाई नै तरङ्गित पारेको छ ।

ट्राफिक र अन्य मानवीय क्रियाकलापबाट

निस्किने ध्वनि आजकाल वातावरणको पृष्ठभूमिमा परिरहेको छ । त्यसको प्रभावसित मिल्ने गरी जीवजन्तुले आफूलाई अभ्यास गराउनुपर्छ । त्यो सजिलो होइन । कि त त्यो सहेर क्षति बेहोर्नुपर्छ । त्यो भनेको आफ्नो बासस्थान त्यागेर अलि शान्तिपूर्ण ठाउँ खोज्दै भौंतारिनुपर्छ ।

त्यसो त ध्वनि प्रदूषणको असर त्यतिमै सीमित छैन । बरू ध्वनि प्रदूषणका कारणले रूखबिरूवा र वनस्पतिको भूदृश्य (ल्यान्डस्केप) लाई नै बदलिरहेको छ । त्यस्तो किन हुन्छ भने धेरै रूखबिरूवा र वनस्पतिलाई ध्वनिबाट प्रभावित जीवजन्तुले नै परागसेचन गरिदिने हुन् । अर्थात् जीवजन्तुले वनस्पतिको भालेपोथीको मिलन गराइदिन्छन् । लमी बनिदिन्छन् । तिनैले प्रेम गराएर, भाले र पोथीको बीज मिसाइदिएर गर्भसमेत बसालिदिन्छन् । बीउहरू ओसारेर जीवहरूले अर्को ठाउँमा छाडिदिने, खसाल्ने गर्छन् । अनि रूखबिरूवा फैलिन्छन् ।

केही बिरूवालाई धेरै हल्लाखल्ला हुने ठाउँमा जिउनै मुस्किल पर्छ । तिनले निकै समस्या भोग्छन् । केही भाग्यमानी ठरिन्छन् । चिट्ठा नै परे जस्तो पो हुन्छ । फाइदा नै फाइदा हुन्छ । त्यो सबै तिनको आसपास, वरिपरिका जीवहरूको समुदाय कति बदलिन्छ भन्नेमा भर पर्छ । यो वा त्यो जे भए पनि त्यसको प्रभावले पारेको तरङ्ग निकै टाढासम्म पुग्न सक्छ । त्यो निकै दूरगामी हुन सक्छ । खासगरी रूखलाई बढी असर पर्न सक्छ । किनभने बीउ, बिरूवा हुँदै रूख हुर्किन, वयस्क हुन लामो समय लाग्छ । परिणाम त जहाँका जनावरले ध्वनि प्रदूषणको मार खेपेका हुन्छन् । त्यस्तो जुनसुकै खाले पर्यावरणीय प्रणाली (इकोसिस्टम) मा रहेको भए पनि जीवजन्तुलाई असर परेको हुन्छ ।

ध्वनि प्रदूषणको असरबारे विभिन्न अध्ययन, रिपोर्ट आउँछन् । त्यस्ता रिपोर्टमध्ये धेरैजसो कुनै एक प्रजाति, जीव विशेषमा केन्द्रित भएको पाइन्छ । यसले गर्दा पनि जीवजन्तुमा ध्वनिले पारेको वास्तविक असरबारे हामी जानकार हुन्नौं । त्यसको असरले फलानो जीवले सञ्चार सम्पर्क, आदानप्रदान गर्न सकेन । यो जीव अब कता जाला, के गर्ला भन्ने आवाज मात्रै उठाउने गरिन्छ । त्यसको बासस्थानमा उसले अझै अरू कुनकुन जीवजन्तुले, कस्ता-कस्ता सास्ती भोगेका छन् भन्नेमा ख्याल नै गरिन्न ।

मानिसले केमा ध्यान दिनुपर्छ भने, ध्वनि प्रदूषणका कारण कुनै एक प्रजातिमा दखल पुग्दा त्यसले वरिपरिको पर्यावरणीय प्रणालीलाई नै गम्भीर असर पारेको हुन्छ । त्यो वातावरणीय, बासस्थान संरचनाभित्रका एक वा दुई महत्त्वपूर्ण प्रजातिले व्यक्त गरेको, तिनमा देखापरेको प्रभाव, असर मात्रै हामीले ख्याल गरेका हुन्छौं ।

राजमार्ग विस्तार, एयर ट्राफिक निर्माणलगायत अन्य मेसिनरी क्रियाकलापले गएको शताब्दीमा त विश्वमा झन् बढी आवाज आउने विकास र प्रविधि बने । विश्व झन् बढी कोलाहलमय बन्यो । त्यो प्रभाव गाउँगाउँसम्म फैलिँदो छ । केही बासस्थानमा

यही बढ्दो ध्वनि प्रदूषणका कारण चराहरूले उच्च आवरण (फ्रिक्वेन्सी) मा गीत गाउन थालेका छन् । अर्थात् प्रायः गाउनेभन्दा अझ बढी घोक्रो तानेर बल निकाली निकाली गाउनुपरेको छ । त्यसले समस्या पार्न सक्छ । चमेराहरूलाई आहारा पाउनै समस्या पर्न सक्छ । किनभने कतिपय चमेराले आवाज क्वाक्क गरेर छाड्छन् । त्यो आवाज सुनेपछि कीरा र अन्य साना जीव चलमलाउँछन् र चमेराले च्याप्पच्याप्प समात्ने गर्छ । त्यो आवाज बाटैमा हरायो, चर्को ध्वनि मधुर बनिदियो भने चमेराका आहारासम्म नपुग्न सक्छन् । चमेराहरू आहारा नपाएरै विस्थापित हुन सक्छन् । जोडी भेटाउन भ्यागुतालाई समस्या पर्न सक्छ । समुद्रमा बस्ने ह्वेल माछाले समेत सञ्चार आदानप्रदान गर्दा आवाज चर्को बनाउनुपरेको पाइएको छ ।

वेस्टर्न स्रब जे नामक चराहरूले हल्ला धेरै हुने ठाउँ छाडेर अन्यत्रै जान लागेको पश्चिमी मुलुकहरूको अनुसन्धानले देखाएको छ । त्यसो त केही चराले हल्ला हुने ठाउँ रूचाएका पनि छन् । ब्ल्याक चिन्ड हमिङ बर्ड चाहिँ ध्वनि बढी भएकै ठाउँमा गुँड बनाउन रूचाएको पाइएको छ । यसको वास्तविक कारण चाहिँ हल्ला मन पराएर होइन । हल्ला भएको ठाउँबाट स्रब जेहरू बाहिरिन थालेपछि गुँडका बचेरा कोरल्न सुरक्षित महसुस गरे । पहिले स्रब जेहरूले तिनका बचेरा खाइदिन्थे ।

अमेरिका र क्यानडामा स्रब जे सल्लो फैलाउने मुख्य चरा हो । हरेक शरद् ऋतुमा हरेक वैयक्तिक (इन्डिभिजुअल) चराले हजारौं बीज झिक्छ । त्यसलाई सुरक्षित ठाउँमा लगेर लुकाउँछ । जाडोयाममा जब अन्यत्र आहार पाइन्न, तब त्यही बीज झिकेर खान्छ । तर तिनले लुकाएका सबै बीज फेला पार्दैनन् । बरू ती उम्रिन्छन् र रूख बन्छन् ।

चराहरू नजाने ठाउँमा खसेका बीज मुसाले खान सक्छन् । चराको बिस्टामा रहेका बीज उम्रिन्छन् । ती फैलिन्छन् । तर मुसाले खाएर फालेको लिँडमा रहेका बीज उम्रिँदैनन् । नेपालमै मन्दिरहरूमा बर र पीपल उम्रिने चराकै कारणले हो । चराले नै तिनको फल खाएर बिस्टा गरेपछि त्यसैबाट उम्रिएको हो । त्यसैले बीज खाने चरा नभए वनस्पति लोप हुन सक्छ । घट्न सक्छ । यो पुर्खौंपुर्खादेखि जोडिएको विषय हो ।

अमेरिकामा गरिएको अनुसन्धानले के देखायो भने, हल्लाखल्ला हुने ठाउँमा भन्दा शान्त ठाउँमा पिनोन नामक सल्लाका रूखको सङ्ख्या चार गुणा बढी पाइयो । त्यस्तै शान्त ठाउँमा भन्दा हल्लाखल्ला हुने ठाउँमा हमिङबर्डहरू परागसेचन गर्न पाँच गुणा बढी गए । त्यसैले आवाज चर्को भएका ठाउँ केही बिरूवा, वनस्पतिका लागि त्यस्तो ठाउँमा परागसेचनकर्ताको सङ्ख्या पनि बढी छ भने फाइदाजनक पनि हुन सक्छ । तर त्यो कति दीर्घकालीन, स्वस्थ र लाभदायक हुन्छ भन्न सकिन्न । किनकि त्यो प्राकृतिक बानीमा पर्दैन ।

चितवन, बर्दिया जस्ता राष्ट्रिय निकुञ्ज र अन्य सामुदायिक वन छेउछाउमा हामीले धेरै भवन ठड्याइसकेका छौं । थुप्रै होटेल र रेस्टुरेन्ट बनिसकेका छन् । पर्यटकीय आकर्षणका अन्य केन्द्र बनिरहेका छन् । तर जे कुरामा पर्यटकले चासो राख्छन् । तिनै चीज हराइरहेको हुन सक्छ । पर्यटकले चासो दिने, हेर्न जाने जीव नै टाढा सरिरहेका हुन सक्छन् । यस्तो मिहीन कुरामा कसैको ध्यान गएको देखिन्न ।

ध्वनि समस्याको चर्चा गर्दा जीवजन्तुलाई पर्ने असरबारे मात्रै हामी गम्भीर भएर पुग्दैन । सम्पूर्ण पर्यावरणीय संरचनालाई बचाउको उचित आधारमा ध्यान दिनुपर्छ । निर्माण कार्य गर्दा कम ध्वनि उत्पन्न गर्ने उपकरणमा ध्यान दिनुपर्छ । तिनको प्रजनन क्रियाकलाप, बचेरा हुर्काउने, बच्चा पाउने क्रमलाई दखल नपरोस् भनेर प्रजननकालका बेलामा अझ बढी ध्यान पुऱ्याइदिनुपर्छ । किनकि यस्तो बेला जीवजन्तु बढी संवेदनशील हुन्छन् । प्राकृतिक बासस्थानको ज्यादै निकट त्यस्ता विकास निर्माणका काम हतपत गर्नुहुन्न ।

जीवजन्तुमा परेको ध्वनिको प्रभावले सामुदायिक संरचनालाई अझ बढाउन सक्छ । त्यसले सम्पूर्ण जीव परिवृत्ति प्रणालीलाई नै असर पार्छ । हामीले ख्याल नगरेको मात्रै हो । यस्तो असर धेरै ठाउँमा धेरै जीवजन्तुलाई परेको हुन सक्छ । तर हामीले राम्रोसित बुझेका हुँदैनौं ।

पिलपिल गर्ने जुनकिरी, सयौं पोथी वरिपरि

जबसम्म जुनकिरी झिलिकमिलिक गर्दैनन् र तिनका गीत सुनिँदैन, तबसम्म गाउँघरका मानिस गर्मीयाम लागेको अनुभव गर्दैनन् । अर्थात् जुनकिरीहरूले गर्मीयाम सङ्केतको पिलपिले आगो बोकेर आउँछन्– घर आँगन, करेसाबारी र चौरतिर । केटाकेटी होऊन् कि पाका, तिनले अँध्यारो नै रूचाउँछन्, तिनमाथि धेरैको ध्यान भने केन्द्रित हुने गर्छ । तिनको हरियो र पहेँलो प्रकाशबारे धेरै गीत लेखिएका छन् । कथा बुनिएका छन् । ध्यान तानिएका छन् । बच्चाहरू त झन् जुनकिरी खोज्न भन्दै घाँसतिर दगुरादगुर नै गर्छन् । तर त्यही पहेँलो प्रकाशले भाले जुनकिरीलाई जीवनको अन्त्यतिर डोऱ्याउँछ भन्ने चाखलाग्दो तथ्य कतिलाई थाहा होला ?

जाडोयाम सकिएर जब गर्मी महिना सुरू हुन्छ, तब साँझको गरम वातावरणमा जुनकिरीका भाले घाँस र झाडीतिर सलबलाउन थाल्छन् । ती प्रायः समथर फाँट र नजिकै जङ्गल भएको छेउछाउमा बढी सलबलाउन रूचाउँछन् । पाका भालेहरूले घाँसबाट माथि उडेर पहेंलो र हरियो रङ निकाल्दै पोथीहरूलाई यौनाकाङ्क्षाको सङ्केत गर्छन् । पोथीहरू पनि के कम ? तिनले वरिपरिबाट भालेका प्रकाशहरूको अवलोकन गर्छन् । पोथीहरूलाई चाख लागे तिनले पनि बत्ती बालेरै सकारात्मक सङ्केत दिन्छन् । अध्ययनहरूले के देखाएका छन् भने धेरै चम्किलो र छिटो बत्ती बाल्न सक्ने भालेहरू पोथीका छनोटमा पर्छन् ।

हामीलाई उस्तै लागे पनि जुनकिरीका थुप्रै प्रजाति हुन्छन् । त्यसैले भालेहरू आफ्नै प्रजातिको कुन पोथीले सम्भोगको स्वाद लिएकी छैन भनेर ढुकेर बस्छन् । र त्यस्तै पोथीको खोजीमा लाग्छन् ।

किन सम्भोगको अनुभव नभएका पोथी कुर्छन् त भालेहरूले ?

यसको चाखलाग्दो तथ्य के छ भने, सम्भोग गरिसकेका पोथीहरूले शरीरको रसायन बदलेर सम्भोग गर्न आउने भालेलाई नै खाइदिन्छन् । त्यो तथ्यको जानकारी भालेहरूलाई हुन्छ । पहिले भालेलाई सम्भोगका लागि सङ्केत दिने त्यही प्रकाश पोथीहरूले एक पटक सम्भोगको स्वाद लिइसकेपछि भने भालेलाई आहाराका रूपमा खान हतियारका रूपमा प्रयोग गर्न थाल्छन् । कतिपय पोथी यति बाठा हुन्छन्, तिनले शङ्का नगर्ने र अनुभव नभएका भाले जतिसक्दो धेरैलाई आकर्षित गर्ने र छक्याएर आहारा बनाइदिने गर्छन् ।

जति छिटो बत्ती बाल्यो, पोथीले उति रूचाउने हुँदा भालेहरू पनि आहारा बनाउने पोथीका धरापमा पर्छन् । किनभने तिनले पोथीहरूले रूचाउलान् भन्ने आशाले झन् छिट्छिटो बत्ती बाल्ने कोसिस गर्छन् । त्यसैले हरेक साँझ भालेहरूले बाल्ने बत्तीमा 'सेक्सको आनन्द कि जीवनको समाप्ति' भन्ने जोखिम रहन्छ । केही वैज्ञानिकले भने छिटो र चम्किलो बत्ती बाल्न सक्ने भालेहरूले धेरै पोथी ओगट्ने बताएका छन् । तिनको भनाइमा कहिलेकहीँ कुनै भालेले सयौं पोथी खेलाउँछ ।

जुनकिरीले कसरी बाल्छ बत्ती ? कौतूहल जाग्न सक्छ । जुनकिरीहरूले आफ्नो शरीरभित्र एक किसिमको रासायनिक प्रतिक्रिया उत्पन्न गर्छन्, जसले तिनीहरूलाई उज्यालो छर्न सक्षम बनाउँछ । यस प्रकारको प्रकाश उत्पादनलाई बायोल्युमिनेसेन्स भनिन्छ । जुनकिरीले प्रकाश उत्पादन गर्ने यो विधि जब अक्सिजन क्याल्सियम, एडेनोसिन ट्राइफोस्फेट (एटीपी) र लुसिफेरेज, बायोल्युमिनेसेन्ट तत्त्वको उपस्थितिमा रासायनिक लुसिफेरिन नामक अर्को खाले तत्त्वसँग मिल्छ, तब प्रकाश उत्पन्न हुन्छ ।

बिजुली बाल्ने बल्बले प्रकाशका अतिरिक्त धेरै ताप पनि उत्पादन गर्छ । त्यसको विपरीत जुनकिरीको प्रकाश चिसो हुन्छ । जुनकिरीका लागि चिसो उत्पन्न गर्नु निकै

आवश्यक हुन्छ । किनभने जुनकिरीको प्रकाश उत्पादन गर्ने अङ्ग बिजुलीको बल्ब जस्तै तातो भए त्यसको तापबाट बच्न सक्दैन ।

जुनकिरीले रासायनिक प्रतिक्रियाको सुरूवात र अन्त्यलाई नियन्त्रण गर्न सक्छ । प्रकाश उत्पादन गर्न आवश्यक अन्य रसायनमा अक्सिजन थपिदिन्छ । र यसको प्रकाश उत्सर्जन सुरूमै रोकिन्छ । यो जुनकिरीको पछिल्लो भागमा शरीरको हलुका अङ्ग (पुच्छर) मा हुन्छ । जब अक्सिजन उपलब्ध हुन्छ, प्रकाशले त्यो भाग उज्यालो हुन्छ । जब अक्सिजन रोकिन्छ, तब प्रकाश निभ्छ ।

त्यसो त कीराहरूको फोक्सो हुँदैन । त्यसको सट्टा शरीरको बाहिरी भागबाट भित्री कोषिकाहरूमा अक्सिजन ढुवानी गर्ने एकपछि अर्को साना नलीहरूको जटिल शृङ्खला हुन्छ । अक्सिजन ढुवानी नियन्त्रण गर्ने मांसपेशीहरूको अपेक्षाकृत ढिलो गतिलाई ध्यान दिएर केही जुनकिरीका प्रजातिले कसरी यस्तो उच्च फ्ल्यास दर व्यवस्थापन गर्छन् भन्ने कुरा लामो समयसम्म रहस्यमय थियो ।

अन्वेषकहरूले हालसालै थाहा पाए, नाइट्रिक अक्साइड ग्यास (यो त्यही ग्यास हो, जुन भियाग्रा औषधि लिएपछि उत्पन्न हुन्छ) ले जुनकिरी फ्ल्यास नियन्त्रणमा महत्त्वपूर्ण भूमिका खेल्छ । छोटकरीमा भन्नुपर्दा, जब जुनकिरीले बत्ती निभाउँछ, त्यसपछि नाइट्रिक अक्साइड उत्पादन पनि रोकिन्छ । यस अवस्थामा प्रकाश चम्किने अङ्गमा प्रवेश गर्ने अक्सिजन कोषिकाको ऊर्जा उत्पादन गर्ने अर्गनेल (एक जीवित कोषभित्र सङ्गठित वा विशेष संरचना भएको केही वा सामूहिक सङ्ख्या) हरूको सतहमा बाँधिएको हुन्छ, जसलाई माइट्रोकोन्ड्रिया भनिन्छ । त्यसले प्रकाश उत्पन्न गराउने अङ्गभित्र थप प्रवाहका लागि उपलब्ध गराउने काम गर्छ ।

माइटोकोन्ड्रियामा बाँधिएको नाइट्रिक अक्साइडको उपस्थितिले अक्सिजनलाई प्रकाश अङ्गमा प्रवाह गर्न सहज बनाइदिन्छ, जहाँ यो बायोल्युमिनेसेन्ट प्रतिक्रिया उत्पादन गर्न आवश्यक अन्य रसायनसँग मिल्छ । रासायनिक तत्त्व उत्पादन नहुनेबित्तिकै अक्सिजन अणुहरू फेरि माइटोकोन्ड्रियामा गएर अड्किन्छन् वा फस्छन् र प्रकाश उत्पादनका लागि उपलब्ध हुँदैनन् ।

जुनकिरीहरूले बत्ती पिलपिल पार्नुको एउटा मात्रै कारण छैन । लार्भाले छोटो चमक उत्पादन गर्छन् । अलि तातो पनि हुन्छ । धेरै प्रजाति भूमिगत (जमिनमुनि पनि बस्ने) वा अर्धजलीय (केही समय पानीमा पनि बस्ने) हुन्छन् । जता बसे पनि ती मुख्य रूपमा रातमा सक्रिय हुन्छन् । जुनकिरीहरूले आफ्नो शरीरमा रक्षात्मक स्टेरोइड (कार्बनिक अणुहरू– तीन-छ सदस्य भएर बनेको र एक-पाँच मिलेर बनेका हुन् । तिनको विशेषता के भने, तिनमा आणविक संरचना भएको जैविक यौगिकहरूको ठूलो वर्ग हुन्छ । तिनीहरूमा धेरै हर्मोन, एल्कालोइड र भिटामिन रहेका हुन्छन् ।) हरू उत्पादन गर्छन्, जसले तिनीहरूलाई सिकारीहरूका लागि खतरा, असुरक्षित र

सतर्क बनाउँछ । लार्भाहरूले आफ्ना चमकहरूलाई चेतावनी प्रदर्शनको औजारका रूपमा प्रयोग गर्छन् । उनीहरूले नरूचाएको, अस्वीकार गरेको र चेतावनीका रूपमा सञ्चार गर्न प्रयोग गर्छन् ।

वयस्क जुनकिरीमा धेरै प्रजातिहरूको अद्वितीय फ्ल्यास ढाँचा हुन्छन् । ती कतिपय फ्ल्यासले ती आफ्नो प्रजातिका अन्य सदस्य पहिचान गर्न प्रयोग गर्छन् । विपरीत लिङ्गका सदस्यबीच भिन्नता छुट्याउन पनि प्रयोग गर्छन् । धेरै अध्ययनले के देखाएका छन् भने, पोथीहरूले विशेष रूपमा भालेहरूको फ्ल्यास ढाँचा नियाल्छन् । त्यसका विशेषताहरूका आधारमा साथीहरू छनोट गर्छन् । भालेहरूले पनि पोथीलाई पहिचान र आकर्षित गर्न फ्ल्यास दर बढाउँछन् । फ्ल्यासको तीव्रता बढाउने, घटाउने गर्छन् । त्यो तीव्रता बढ्दा दुई फरक जुनकिरी प्रजातिका पोथी बढी आकर्षित भएको पाइएको छ ।

त्यसो त जुनकिरीका सबै प्रजाति चम्किला हुँदैनन् । तीमध्ये केहिले बरू साथी पत्ता लगाउन फेरोमोन हर्मोन प्रयोग गर्छन् । केही प्रजाति यस्ता छन्, जसले तिनीहरूको भालेपोथी मिलन प्रणालीमा फेरोमोनल र चमकदार दुवै तत्त्व प्रयोग गर्छन् । यी प्रजाति फेरोमोन-मात्र प्रयोग गर्ने जुनकिरी र फ्ल्यास-मात्र प्रयोग गर्ने जुनकिरीहरूबीच विकासवादी तरिकाले भूमिका खेलेको, विकास हुँदै गएको देखिन्छ ।

सन्दर्भसूची

एकाबिहानै भाले बास्नुको रहस्य

- *Lee J. Jane, How a Rooster Knows to Crow at Dawn, National Geographic News. MARCH* 19, 2013 *https://news.nationalgeographic.com/news/*2013/03/130318*-rooster-crow-circadian-clock-science/*
- *Gray Richard, Cockerels follow strict pecking order on dawn calls. Daily Mail. July* 27, 2015. *http://www.dailymail.co.uk/sciencetech/article-*3176023*/Cockerels-follow-strict-pecking-order-dawn-calls-dominant-roosters-crow-announce-arrival-morning.html*

कुखुरा पहिले कि फुल ?

- 'The chicken came first, not the egg', scientists prove, July 13, 2010. http://metro.co.uk/2010/07/13/the-chicken-came- first-not-the-egg-scientists-prove-447738/#ixzz4eLvYXAXf-
- Fabry, Merrill. September 21, 2016. Time. Now You Know: Which Came First, the Chicken or the Egg ? http://time.com/4475048/which-came-first-chicken-egg/

बाघभन्दा कम होइन फिस्टा

- Tigers Are Less Important Than Warblers, Reconciliation Ecology. Chris CaLrke, April 16, 2011 http://reconciliationecology.wordpress.com/2011/04/18/tigers-are-less-important-than-warblers/
- Graham, Rex. September 05, 2013. BIRDS NEWS. Insect-eating birds reduce worst coffee plantation pest by 50 percent. https://birdsnews.com/2013/insect-eating-birds-reduce-worst-coffee-plantation-pest-50-percent/#.WScJbeuGPIU

- Julie A. Jedlicka, Russell Greenberg, & Deborah K. Letourneau (2011). Avian Conservation Practices Strengthen Ecosystem Services in California Vineyards. PLoS ONE, 6(11):e27347 doi:10.1371/journalpone.002734
- Mols, C., & Visser, M. (2002). Great tits can reduce caterpillar damage in apple orchards. Journal of Applied Ecology, 39 (6), 888-899 doi:10.1046/j.1365-2664.2002.00761.x
- Mols, C., & Visser, M. (2007). Great Tits (Parus major) Reduce caterpillar Damage in Commercial Apple Orchards. PLoS ONE, 2 (2) doi:10.1371/journal.pone.0000202
- Germaine, Heather L. and Stephen S. Germaine (2002). Forest Restoration Treatment Effects on the Nesting Success of Western Bluebirds (Sialia mexicana). Restoration Ecology, 10 (2), 362-367 doi:10.1046/j.1526-100X.2002.00129.x

चरा किन उड्छन् भी आकारमा ?

- Waldron, Patricia. Jan. 15, 2014. Science. Why Birds Fly in a V Formation.
  http://www.sciencemag.org/news/2014/01/why-birds-fly-v formation
- Gill, Victoria. January 16, 2014. BBC News. Fly like a bird: The V formation finally explained.
  http://www.bbc.com/news/science-environment-25736049

चराले हिमाल नाघ्नुको रहस्य

- Ellis, Mark. Jan 16, 2014. Daily Mirror. Mystery of why birds fly in V formation finally revealed – and pilots could learn a thing or two.
  http://www.mirror.co.uk/news/technology-science/mystery-birds-fly-v-formation-3025188
- Steven J. Portugal, Tatjana Y. Hubel, Johannes Fritz, Stefanie Heese, Daniela Trobe, Bernhard Voelkl, Stephen Hailes, Alan M. Wilson & James R. Usherwood. Birds That Fly in a V Formation Use An Amazing Trick. Upwash exploitation and downwash avoidance by flap phasing in ibis formation flight. Nature Publishing Group, a division of Macmillan Publishers Limited. Nature volume 505, pages 399–402 (16 January 2014); doi:10.1038/nature12939

- Waldron, Patricia. Jan. 15, 2014. Science. Why Birds Fly in a V Formation
http://www.sciencemag.org/news/2014/01/why-birds-fly-v-formation

फिरन्ते चराबाट बर्डफ्लु कम

- INFORMATION NOTE ON "AVIAN INFLUENZA AND MIGRATORY BIRDS" VERSION, July 20, 2006 http://ec.europa.eu /environment/ nature/conservation/ wildbirds / birdflue /docs /info_on_ avian_ influenza.pdf
- Gaidet, Nicolas; Cappelle, Julien; Takekawa, John Y., Prosser, Diann J.; Iverson, Samuel A., Douglas, David C.; Perry, William M., Mundkur, Taej; Newman, Scott H. 4 August 2010. Potential spread of highly pathogenic avian influenza H5N1 by wildfowl: dispersal ranges and rates determined from large scale satellite Telemetry. Journal of Applied Ecology, 2010; DOI: 10.1111/j.1365-2664.2010.01845.x (Volume 47, Issue 5, October 2010) (Pages 1147–1157)

विमानलाई हार खुवाउने चरा

- Hansford, Dave. September 14, 2007. National Geographic News. Alaska Bird Makes Longest Nonstop Flight Ever Measured.
https://news.nationalgeographiccom/news/2007/09/070913-longest-flight.html
- Viegas, Jennifer. October 22, 2008. Discovery News. Bird sets record with 7,257-mile nonstop flight.
http://www.nbcnews.com/id/27322698/ns/technology_and_science-science/t/bird-sets-record--mile-nonstop-flight/#.WqRd6WpubIU

चरा र विमान दुर्घटनाको मिथक

- सापकोटा, ददि । *चरा र विमान दुर्घटनाको मिथक*, कारोबार दैनिक, ०५ मङ्सिर, ०६९

अनवरत २४ सय किमि

- University of Massachusetts at Amherst. (2015, March 31). Tiny songbird discovered to migrate non-stop, 1,500 miles over the Atlantic. ScienceDaily. Retrieved February 21, 2018 from www.sciencedaily.com/releases/2015/03/150331215844.htm

- Bird 'backpacks' help scientists discover the longest oversea migration. The Guardian daily, April 01, 2015 http://www.theguardian.com/science/2015/apr/01/bird-backpacks-help-scientists-discover-the-longest-oversea-migration

म्याराथनमा जानुअघि व्यायाम

- McWilliams, R. Scott; Guglielmo, Christopher; Pierce, Barbara ; Klaasse, Marcel (2004) . Flying, fasting, and feeding in birds during migration: a nutritional and physiological ecology perspective. JOURNAL OF AVIAN BIOLOGY 35: 377/393, 2004
- BUTLER, P. J., EXERCISE IN BIRDS. School of Biological Sciences, University of Birmingham, Birmingham, B15 2TT, United Kingdom. J. exp. Biot. 160, 233-262 (1991) 23 3, Printed in Great Britain © The Company of Biologists Limited 199
- For Migrating Birds, Eating = Exercise. Science. March 27, 2009. http://www.sciencemagorg/news/2009/03/migrating-birds-eating-exercise

भाले सुन्दरताको राज

- Sætre, Glenn-Peter; Dale Svein; Slagsvold Tore. December 1994. Female pied flycatchers prefer brightly coloured males. Volume 48, Issue 6, Pages 1407–1416
- Burgess, Stuart. August 2001. The Beauty of the Peacock Tail and the Problems with the Theory of Sexual Selectionby Journal of Creation 15, no 2 : 94-102.
- YOON, K. CAROL. October 28, 2003. The Newyork Times. Scientists Uncover the Peacock's Most Colorful Secrets http://www.nytimes.com/2003/10/28/science/scientists-uncover-the-peacock-s-most-colorful-secrets.html
- Godin, J.-G.J. Department of Biology, Carleton University, 1125 Colonel, Ottawa, ON K1S 5B6, Canada. Predator preference for brightly colored males in the guppy: a viability cost for a sexually selected trait. Department of Biology, Mount Allison University, Sackville, NB E4L 1G7, Canada. Oxford Journals Science & Mathematics Behavioral Ecology Volume 14, 194-200 Issue 2Pp. http://beheco.oxfordjournals.org/content/14/2/194.full

- Thompson, Andrea. August 21, 2008. Live Science. How Peacocks Got Their Colorful Tails. https://www.livescience.com/5066-peacocks-colorful-tails.html

बलात्कारबाट जोगिने उपाय

- Birkhead, Tim. Review Wheatley, David. Friday, 16 March 2012. The Guardian. Bird Sense: What It's Like to Be a Bird. http://www.theguardian.com/books/2012/mar/16/bird-sense-tim-birkhead-review

शरीरभन्दा लिङ्ग लामो ?

- Anitei, Stefan . May 01, 2007. Sex War and Promiscuity : Why Ducks Have the Largest Penises in the World. http://news.softpedia.com/news/Sex-War-and-Promiscuity-Why-Ducks-Have-the-Largest-Penises-in-the-World-53558.shtml
- Yong, Ed. December 22, 2009. Ballistic penises and corkscrew vaginas, the sexual battles of ducks. http://www.allthingsnow com/day/science/shared/17921892/ es + and + corkscrew + vaginas + %96+ the + sexual + battles + of + ducks + %7C + Not + Exactly + Rocket + Science + %7C
- Koerth-Baker, Maggie . Wed, Dec 23, 2009. Duck Sex: Competition between sexes leads to crazy anatomy. http://boingboing net/2009/12/23/duck-sex-competition.html
- Tomasky, Michael. March 25, 2013. YAY SCIENCE. Yes, We Should Study Duck Penises, http://www.thedailybeast.com/articles/2013/03/25/yes-we-should-study-duck-penises.html
- Yong, Ed. Thursday, 06 June 2013. How Chickens Lost Their Penises (And Ducks Kept Theirs), http://phenomena.nationalgeographic.com/2013/06/06/how-chickens-lost-their-penises-ducks-kept-theirs/

अड्कली अड्कली वीर्यपतन

- Roach, John. November 05, 2003. *National Geographic* News. cockerels Dole out Sperm with precision, study says. http://byjohnroach.com/writings/animals/cockerels-dole-sperm-with-precision-study-says.html

फेर्न पाए दर्जन पोथी

- What Females Want, To Have, to Hold, and to Cheat. April 6, 2008. The Nature.
  http://www.pbs.org/wnet/nature/episodes/what – females – want/to-have-to-hold-and-to-cheat/829/
- Binns,Corey. July 14, 2010 . Live Science. Are Any Animals Monogamous ? Life's Little Mysteries Contributor
  http://www.livescience.com/32702-are-any-animals-monogamous.html
- Sursara, Elissa. June 3, 2014. National Geographic. 10 Animals That Are (Mostly) Monogamous.
  http://newswatch.nationalgeographiccom/2014/06/03/10-animals-that-are-mostly-monogamous/

जोडी छान्न पोथी खप्पिस

- Dugatkin, Lee Alan; Godin, J. Jean-Guy (1998). *Scientific American*. How Females Choose Their Mates. April 1998, Volume 278, Issue 4

प्लास्टिकले गुँड पोत्ने चरा

- Amos, Jonathan. January 21, 2011. BBC News Plastic adorns the nests of birds fit for a fight.
  http://www.bbc.com/news/science-environment-12231819
- Pennisi, Elizabeth (1995). Biology Digest. Nest Garbage Says, 'Keep Out !' Biology Digest, Volume 21, Plexus Pub., 1995. Pennsylvania State University, Digitized May 26, 2011

पोथी बन्न भेष परिवर्तन

- Why Some Birds of Prey Become Transvestites Charles Choi, Live Science. November 08, 2011. http://www.livescience.com/16940-transvestite-birds-prey-sexual-mimicry.html

ऐना हेरेर अनुहार मिलाउने चरा !

- Magpies Recognize Their Faces in the Mirror, Nicole Branan on December 01, 2008 https://www.scientificamerican.com/article/magpies-recognize their-faces/

- Wald, Chelsea. October 24, 2014. Wild Things. What Do Animals Think They See When They Look in the Mirror? http://www.slate.com/blogs/wild_things/2014/10/24/what_do animals_see_in_the_mirror_self_recognition_and_social_behavior_ video.html

फुलभित्रैका बचेरालाई शिक्षा

- Colombelli-Négrel D., Hauber M., Robertson J., Sulloway F., Hoi H., Griggio M. & Kleindorfer S. (2012). embryonic Learning of Vocal Passwords in Superb Fairy-Wrens Reveals Intruder Cuckoo Nestlings. Current Biology, 22 (22) DOI: 10.1016/j.cub.2012.09.025, November 09, 2012
- Mother Birds May Teach Their Chicks to Sing before They Hatch, By Rachel Nuwer on June 1, 2016 https://www.scientificamerican.com/article/mother-birds-may-teach-their-chicks-to-sing-before-they-hatch/

मौसम बिग्रियो कि मस्ती ?

- Climate Change Increases Mate-Swapping in Birds, By Lacey Johnson, ClimateWire on February 17, 2012 https://www.scientificamerican.com/article/climate-change-increases-mates-swapping-birds/

अर्काको भाग नखोस्ने चरा

- Macrae, Fiona. June 06, 2013. Daily Mail. Why the gannet isn't really such a gannet after all – seabirds stick to their own fishing grounds and avoid other birds' patches. http://www.dailymail.co.uk/sciencetech/article-2337015/Why-gannet-isnt-really-gannet-Seabirds-stick-fishing-grounds-avoid-birds-patches.html
- Gannets starve because parents too polite to travel into another colony's territory, October 16, 2015 https://phys.org/news/2015-10-gannets-starve-parents-polite-colony.html

कोइलीको घुसपैठ रोक्ने अक्कल

- Daniela Campobello & Spencer G. Sealy (2009) Avian brood parasitism in a Mediterranean region: hosts and habitat preferences of Common Cuckoos Cuculus canorus, Bird Study, 56:3, 389-400, DOI: 10.1080/00063650903013221
- Low level of extra-pair paternity in a population of the barn swallow. Hirundo rustica. gutturalis M Hasegawa, E Arai, +5 authors M Nakamura. Ornithol Sci 2010
- Møller, Anders Pape. June 07, 2010. Behavioral Ecology.
  The fitness benefit of association with humans: elevated success of birds breeding indoors. Volume 21, Issue 5, 1 September 2010, Pages 913–918.
- Cuckoo Finch Tricks Host Birds To Raise Their Young, By Zoe Mintz. September 25, 2013
  http://www.ibtimes.com/cuckoo-finch-tricks-host-birds-raise-their-young-photo-1410968
- The importance of nest site and habitat in egg recognition ability of potential hosts of the common cuckoo Cuculus canorus. M Martín-Vivaldi, Jj Soler, Ap Møller, Sm Pérez-Contreras. Ibis 2013

सुन्दर भाले कम सफल ?

- Muth, Felicity. November 13, 2013. Scientific American. Lizard Females That Look Like Males Are Less Attractive (to Male Lizards). https://blogs.scientificamerican.com/not-bad-science/lizard-females-that-look-like-males-are-less-attractive-to-male-lizards/-
  S Tazzyman, T Pizzari, R Seymour and A Pomiankowski. The evolution of continuous variation in ejaculate expenditure strategy. September issue of the journal American Naturalist., September, 2009 DOI: 10.1086/603612
- S Tazzyman, T Pizzari, R Seymour and A Pomiankowski. The evolution of continuous variation in ejaculate expenditure strategy. September issue of the journal American Naturalist., September, 2009 DOI: 10.1086/603612

बचेरामा तनाव आजीवन तनावग्रस्त

- K.A Spencera, K.L Buchananb, A.R Goldsmitha, C.K Catchpolec (2003). Hormones and Behavior. Song as an honest signal of developmental stress in the zebra finch (Taeniopygia guttata). School of Biological Sciences, University of Bristol, Woodland Road, Bristol BS8 1UG, UK, Cardiff School of Biosciences, Cardiff University, Park Place, Cardiff CF10 3TK, UK, School of Biological Sciences, Royal Holloway, University of London, Egham, Surrey TW20 0EX, UK. Volume 44, Issue 2, August 2003, Pages 132-139
- Society for Endocrinology (March 17, 2009). Effects Of Stress Last For Life In Birds. ScienceDaily. Retrieved April 03, 2012 http://www.sciencedaily.com/releases/2009/03/090317201137.htm

पति छान्दा आफ्नै जिन खोजी

- Alternative reproductive strategies in the white-throated sparrow: behavioral and genetic evidence, Elaina M. Tuttle. Department of Life Sciences, Indiana State University, Terre Haute, IN 47809, USA http://beheco.oxfordjournals.org/content/14/3/425
- Choosing mates: good genes versus genes that are a good fit, Herman L. Mays Jr and Geoffrey E. Hill, Department of Biological Sciences, 101 Life Sciences Bld, Auburn University, Auburn, AL 36849, USA http://www.uv.mx/personal/tcarmona/files/2010/08/Mays-and-Hill-2004.pdf
- Bird's Playlist Could Signal Mental Strengths and Weaknesses . May 21, 2013 http://www.sciencedaily.com/releases/2013/05/130521194141.html

माउको समस्याले बचेरालाई खति

- Erich Moestl, University of Veterinary Medicine – Vienna, Parents' social problems affect their children even in birds, Public release date: Dec 27, 2010. Released by: Klaus Wassermann. http://www.eurekalert.org/pub_releases/2010-12/uovm-psp122710.php

- Mums' social problems affect their kids-even in birds. December 28, 2010. ICT by ANI,
http://www.thaindian.com/newsportal/health/mums-social – problems – affect-their-kids-even-in-birds_100479996.html

डरपोकका पखेटा छरिता र लामा

- Frightened birds' wings grow faster and longer. March 26, 2011. ICT by ANI.
http://www.thaindian.com/newsportal/health/mums-social–problems – affect-their-kids-even-in-birds_100479996 html

गर्भमै जीवनको पाठ ?

- Mums teach kids lessons of life – even before birth. Mar 12, 2010 | (Paris, Madrid) by ANI
http://www.thaindian.com/newsportal/health/mums-teach-kids-lessons-of-life-even-before-birth_100333639.html
- Nature vs Nurture: How do baby birds learn how to fly ? October 09, 2012http://blogs.bu.edu/bioaerial2012/2012/10/09/nature-vs-nurture-how-do-baby-birds-learn-how-to-fly/

परभक्षीको जानकारी दिन फ्याटफ्याट

- Salleh, Anna. ABC. Whistling feathers sound predator alarm. September 02, 2009
http://www.abc.net.au/science/articles/2009/09/02/2674184.htm
- Yong, Ed. September 02, 2009. National Geographic. Sound the alarm – crested pigeons give off warning whistles simply by taking off.
http://phenomena.nationalgeographic.com/2009/09/02/sound-the-alarm-crested-pigeons-give-off-warning-whistles-simply-by-taking-off/
- Gill, Victoria. BBC News. September 02, 2009. Pigeons' wings sound the alarm
http://news.bbc.co.uk/2/hi/8232570.stm
- Australian bird whistles with its wings. September 02, 2009.
http://www.cosmosmagazine.com/news/bird-whistles-with-its-wings/

पोथीको ध्यान भालेका प्वाँखमा

- Brooding female birds respond to vivid male plumes | June 25th, 2010 | ICT by IANS,
  http://www.thaindian.com/newsportal/sci-tech/brooding – female – birds-respond-to-vivid-male-plumes100385771.html
- Remes, Vladimír and Matysioková, Beata. Frontiers in Zoology March 25, 2013. More ornamented female produce higher-quality offspring in a socially m monogamous bird: an experimental study in the great tit (Parus major). Frontiers in Zoology, 2013, Volume 10, Number 1, Page 1. BioMed Central Ltd. 2013

छोरी पाउन मरिहत्ते

– Choi, Q. Charles. 13 Nov 2017. *Scientific American.* Why Some Species Have More Females Females Than Males. Scientific American, Volume 301, Publisher Munn & Company, 2009. Original from the University of California, Digitized, Nov 13, 2017

प्रजनन सफलता हर्मोनमा निर्भर

- Ouyang, Q. Jenny; Sharp, J. Peter; Dawson, Alistair; Quetting, Michael; Hau, Michaela (2011). "Hormone Levels predict individual differences in reproductive success in a passerine bird", Proceedings of the Royal Society B. online . Proc. R. Soc. B 2011 – ; DOI: 10.1098/rspb.2010.2490. Published January 19, 2011
- Do hormones dictate breeding success in birds ? January 27, 2011. ICT by ANI
  http://www.thaindian.com/newsportal/health/do-hormones-dictate-breeding-success-in-birds_100494209.html
- Hormones dictate when youngsters fly the nest, says new research. July 5, 2012. Psychology & Sociology.
  http://esciencenews.com/articles/2012/07/05/hormones.dictate.when.youngsters.fly.nest.says.new.research

बत्तीमुनि प्रेम गर्न चरालाई नि लाज

- Light pollution screws up songbirds' sex lives. September 17, 2010. Thainandian News. ICT by ANI http://www.thaindian.com/newsportal/health/light-pollution – screws-up-songbirds-sex-lives_100429914 html

- Artificial light speeds sexual maturity in blackbirds. February 13, 2013.
  http://www.bbc.co.uk/nature/21430015
- Night Lights Affect Songbirds' Mating Life. September 16, 2010. By Cell Press.
  http://m.sciencenewsline.com/news/2010091612000015

नबिराई गन्न सक्ने चरा

- Egg recognition and counting reduce costs of avian conspecific brood parasitism, Bruce E. Lyon, Department of Ecology and Evolutionary Biology, University of California, Santa Cruz, California 95064, USA, Nature 422, 495-499 (3 April 2003) | doi:10.1038/nature01505;

भोक लाग्दा अर्कै आवाज

- Hungry chicks have unique calls for getting parents' attention. Jan 26, 2011 (Paris, Madrid) by ANI,
  http://www.thaindian.com/newsportal/health/hungry- chicks-have-unique-calls-for-getting-parents-attention_100493733.html
- Hendrik Reers and Alain Jacot (2011). The effect of hunger on the acoustic individuality in begging calls of a colonially breeding weaver bird. BMC Ecology, (in press) Volume 11, Number 1, Page 1, Hendrik Reers.

तगडा गीत गाउने निरोगी

- Whitehead, Tony. *BBC News*. last updated: April 15, 2008. Why do birds sing ? http://www.bbc co.uk/devon/content/articles/2008/04/03/dawn_chorus_birdsong feature.shtml
- Karan J. Odom, Michelle L. Hall, Katharina Riebel, Kevin E. Omland, Naomi E. Langmore. Female song is widespread and ancestral in songbirds. Nature Communications, 2014; 5 DOI: 10.1038/ncomms4379
- Poesel, Angelika; Kunc, P.Hansjoerg; Foerster, Katharina; Johnsen, Arild; Kempenaers, Bart. September 2006. Animal Behaviour. Early birds are sexy: male age, dawn song and extrapair paternity in

blue tits, Cyanistes (formerly Parus) caeruleus. Volume 72, Issue 3, September 2006, Pages 531-538 published online June 22, 2006. http://www.animal-behaviour.eu/pdf/Poesel_et_al_2006_AB.pdf

- Females canaries sing sexily with testosterone." NWO (Netherlands Organization for Scientific Research). Science Daily, December 02, 2009.
- Tickle, Glen. December 30th, 2013. The Mary Sue. Testosterone in Part of a Bird's Brain Makes Them Sing More, but Doesn't Help Them Mate Successfully.
  https://www.themarysue.com/testosterone-bird-singing/

गीत चोरिएर चरा हैरान

- Tobias, J.; Nathalie, S. (2009). *Evolution*. Signal design and perception in Hypocnemis antbirds: evidence for convergent evolution via social selection. Evolution, 2009; DOI: 10.1111/j.1558-5646.2009.00795.x. Onlinewww.sciencedaily.com/releases/2009/09/090908193434.htm
- Birds Are Changing Their Tune, AUG 29, 2011, http://news.discovery.com/animals/noise – POLLUTION – birds-110829.htm
- Sparrows Change Their Tune to Be Heard in Noisy Cities. Apr. 02, 2012. http://www.sciencedaily.com/releases/2012/04/120402162710.htm
- Some City Birds Are Changing Their Tune, August 26, 2013. By Sarah Jane Alger
  http://www.nature.com/scitable/blog/accumulating-glitches/some_city_birds_are_changing
- Lipu & Paone, Alice. March 03, 2017. Why do birds sing ? Bidlife. First published in Italian by LIPU (BirdLife in Italy), translated by Alice Paone, Communications & Strategy Intern with BirdLife Europe & Central Asia.
  http://www.birdlife.org/europe-and-central-asia/news/why-do-birds-sing

निद्रामै सङ्गीतको रियाज

- Birds sing in their sleep. October 26, 2000. BBCNews.
  http://news.bbc.co.uk/2/hi/science/nature/992538.stm

- To Sleep, Perchance to Sing. Michael Szpir. January-February 2001. http://www.americanscientist.org/issues/pub/to-sleep-perchance-to-sing
- Learning: Baby birds practise new songs while they sleep.December 15, 2008.
https://www.theguardian.com/science/2008/dec/15/neuroscience-animal behaviour

चराको गीत, एक उपचार

- Smith, Rebecca. Aug 24, 2010. *The Telegraph*. Bird song 'may calm' children receiving injections.
https://www.telegraph.co.uk/news/health/news/7960177/Bird-song-may-calm-children-receiving-injections.html
- PROSSER, Ed. March 30, 2011. Alder Hey's Dawn Chorus. https://onthenatureofthings.com/2011/03/30/alder-heys-dawn-chorus/

नर्भस चरा जोखिम लिन तयार

- University of Exeter. (2007, October 28). 'Nervous' Birds Take More Risks. Science Daily. Retrieved March 4, 2018 from www.sciencedaily.com/releases/2007/10/071025195515.htm

सेक्सी पोथीका वंश धेरै

- Picky females promote diversity: UBC-IIASA study, Media Release. April 01, 2012
http://www.publicaffairs.ubc.ca/2012/04/01/picky–females – promote-diversity-ubc-iiasa-study/
- Leithen K. M'Gonigle, Rupert Mazzucco, Sarah P. Otto, Ulf Dieckmann. Sexual selection enables long-term coexistence despite ecological equivalence. Nature, 2012; DOI: 10.1038/nature10971

पोथी नपाएर कालिगड जिल्ल

- Three's a crowd: How Baya Weaver birds fought over a nest and ended up hanging around. Daily Mail. February 02, 2011.
http://www.dailymail.co.uk/news/article-1352948/Threes-crowd-How-Baya-Weaver-birds-fought-nest-ended-hanging-around.html

- The 16 most amazing nests built by birds. RichaMalhotra. March 07, 2015.
  http://www.bbc.com/earth/story/20150307-the-16-most-amazing-bird-nests

आफन्तको स्वर चिन्छन् काग

- Facts About Crows. Alina Bradford, Live Science Contributor. May 2, 2017 http://www.livescience.com/52716-crows-ravens.html
- Cornell University. (2007, March 20). Crows Can Recognize The Calls Of Relatives. ScienceDaily. Retrieved March 05, 2018 from www.sciencedaily.com/releases/2007/03/070319200143.htm

काठफोरहरूको ध्वनि, इन्जिनियरहरूलाई शिक्षा

- Chelsea Harvey August 13, 2014. How a Woodpecker Bangs Without Brain Damage. https://www.audubon.org/news/how-woodpecker-bangs-without-brain-damage.
  https://www.thespruce.com/why-woodpeckers-drum-386708
- Melissa Mayntz, Updated on 08/07/22. Fact checked by Jessica Wrubel. How to Stop Woodpecker Damage. https://www.thespruce.com/stop-woodpecker-damage-386450
  Fact checked by Jessica Wrub

विकास कि विनाश ?

- Dangers of migration, RSPB
  https://www.rspb.org.uk/birds-and-wildlife/read-and-learn/fun-facts-and-articles/migration/dangers-of-migration.aspx
- Last Song for Migrating Birds, An interview with best-selling author Jonathan Franzen. 03 /2013
  https://www.euronatur.org/fileadmin/docs/magazin/English_Interview_Jonathan_Franzen__EuroNatur-Magazin_3-2013.pdf

जति लसपस उति फाइदा

- Cunningham, J. T.; Black, Charles; Adam, M. A., *Journal Nature*. (1900) sexual Dimorphism in the animal kingdom, a Theory of the evolution of secondary sexual characters. (63, 197–202) Published online, 27 December 1900

- Owen, James. November 25, 2003. NationalGeographic News.
- Females Are Dominant Sex, Primate Study Suggests https://news.nationalgeographiccom/news/2003/11/1125_031125_primateevolution.html

नक्साबिनै हजारौं किमि यात्रा ?

- M, Henrik, Rachael Derbyshire, Julia Stalleicken, Ole Ø. Mouritsen, Barrie J. Frost and D. Ryan Norris Henrik. 2013, April 30. An experimental displacement and over 50 years of tag-recoveries show that monarch butterflies are not true navigators. *Proceedings of the National Academy of Sciences*, DOI: 10.1073/pnas.1221701110
- 2010, February. Long-distance migration shapes butterfly wings. *ScienceDaily* [online]. Available: www.sciencedaily.com/releases/2010/02/100211100800.htm
- 2010, February 17. Migrating monarch butterflies have longer wings. *Live Science* [online]. Available: http://www.livescience.com/8100-migrating-monarch-butterflies-longer-wings.html
- Innes, E. 2013, April 9. No map? It's no problem for monarch butterflies: Researchers find insects migrate using just an internal compass. *Daily Mail* [online]. Available: http://www.dailymail.co.uk/sciencetech/article-2306178/No-map-Its-problem-monarch-butterflies-use-internal-compass.html

निर्देशन नपाएसम्म भित्रै गुपचुप

- Millner, Jack. December 18, 2014. Daily Mail. Plants are good parents too! 'Mother' plants 'teach' seeds when to grow by passing on their memory of seasons, study claims http://www.dailymail.co.uk/sciencetech/article-2879074/Plants-good-parents-Mother-plants-teach-seeds-grow-passing-memory-seasons-study-claims.html
- Lewin, Sarah. May 01, 2015. Scientific American. Mother Plants Tell Their Seeds When to Sprout. https://www.scientificamerican.com/article/mother-plants-tell-their-seeds-when-to-sprout/

तिर्खाउन छाडे रूखबिरूवा

- Higher River Levels Predicted As More Carbon Dioxide Makes Plants Less Thirsty, ScienceDaily (Sep. 11, 2007) http://www.sciencedaily.com/releases/2007/09/070905083617.htm

कीरा खाने बिरूवा

- Choi, Charles. January 09, 2012. Live Science. 'Worm-Eating' Underground Leaves Discovered in Carnivorous Plant. http://www.livescience.com/17812-underground-leaves-carnivorous-plants.html

सेक्सी सुनाखरी

- jahIsobel, Leybold-Johnson. January 16, 2010. Swiss Info. Sex, lies and orchids. http://www.swissinfo.ch/eng/sci-tech/sex--lies-and orchids/8097816
- University of Chicago Press Journals (2009, December 28). Orchids' sexual trickery explained: Leads to more efficient pollinating system .ScienceDaily. Retrieved December 28, 2013, from http://www.sciencedaily.com-/releases/2009/12/091217183442.htm

बिरूवामा पनि हाडनाता करणी ?

- Do plants have a gender? By Ken Thompson. The Telegraph. Dec 12, 2014 https://www.telegraph.co.uk/gardening/plants/11285502/Do-plants-have-a-gender.html
- Do Plants Have Sex ? Dave Mosher. November 07, 2012 . http://www.livescience.com/32261-do-plants-have-sex.html
- The weird sex life of orchids. The Guandian . October 09, 2011 https://www.theguardian.com/science/2011/oct/09/orchid-sex-botany-ziegler-pollan

किन बदलिन्छन् बिरूवाका रङ ?

- Why do leaves change colour in autumn ? BBC News. November 06, 2015 http://www.bbc.com/earth/story/20151106-why-do-leaves-change-colour-in-autumn

- Why Do Leaves Change Color In The Fall ? Science Daily. October 16, 2007
https://www.sciencedaily.com/releases/2007/10/071012104737.htm
- Why Do Fall Leaves Change Color ? Brian Handwerk. National Geographic News. October 08, 2004
https://news.nationalgeographic.com/news/2004/10/1005_041008_fallfoliage.html
- Red Leaves Say, "Bug Off!". Claire Thomas . April 15, 2009.
http://www.sciencemag.org/news/2009/04/red-leaves-say-bug

छिटो उम्रिन संवाद

- Cossins, Dan. January 01, 2014. The Scientist. Plant Talk.
https://www.the-scientist.com/?articles view/articleNo/38727/title/Plant-Talk/
- Scientists Confirm that Plants Talk and Listen To Each Other, Communication Crucial for Survival. By Christine Hsu. Jun 11, 2012
http://www.medicaldaily.com/scientists-confirm-plants-talk-and-listen-each-other-communication-crucial-survival-240775
- Plant Talk: Peppers Dig Basil's Good Vibrations. MAY 08, 2013 BY TIM WALL
http://news.discovery.com/earth/plants/peppers-dig-basils-good-vibrations-130508.htm

वनस्पतिलाई ध्वनि प्रदूषणको मार

- Human Racket Affects Plants, Too. Wynne Parry. Live Science Senior Writer . March 20, 2012
http://www.livescience.com/19189-noise – Pollution – indirect-effects-plants.html
- Noise pollution hurts plant life too. March 21, 2012. Science News Releases
http://www.bitsofscience.org/noise – pollution – plant-life-5372/
- Sohn, emily. March 30, 2012. Discovery News. Noise Pollution Affects Plants, Too.
http://www.nbcnews.com/id/46802237/ns/technology_and_science-science/t/noise-pollution-affects-plants-too/#.WqWU7WpubIU

पिलपिल गर्ने जुनकिरी, सयौं पोथी वरिपरि

- Marc Branham, Scientific American, Sept'ber 5, 2005. How and why do fireflies light up? https://www.scientificamerican.com/article/how-and-why-do-fireflies/
- Clyde Sorenson,Professor of Entomology, North Carolina State University. 23 july 2019. How fireflies glow – and what signals they're sending.

पुस्तकमा प्रयुक्त तस्बिर र स्रोत

शीर्षक	तस्बिर
एकाबिहानै भाले बास्नुको रहस्य	ददि सापकोटा
कुखुरा पहिले कि फुल ?	फ्रि पिक
बाघभन्दा कम होइन फिस्टा	राधाकृष्ण श्रेष्ठ
चरा किन उड्छन् भी आकारमा ?	ददि सापकोटा
चराले हिमाल नाघ्नुको रहस्य	नवीन गड्तौला
फिरन्ते चराबाट बर्डफ्लु कम	ददि सापकोटा
विमानलाई हार खुवाउँछन् चरा	फ्रि पिक
चरा र विमान दुर्घटनाको मिथक	*ददि सापकोटा*
अनवरत २४ सय किमि	फ्रि पिक
म्याराथनमा जानुअघि व्यायाम	ददि सापकोटा
भाले सुन्दरताको राज	ददि सापकोटा
बलात्कारबाट जोगिने उपाय	ददि सापकोटा
शरीरभन्दा लिङ्ग लामो ?	फ्रि पिक
अड्कली अड्कली वीर्यपतन	नारायण रिजाल
फेर्न पाए दर्जन पोथी	ददि सापकोटा
जोडी छान्न पोथी खप्पिस	ददि सापकोटा
प्लास्टिकले गुँड पोत्ने चरा	ददि सापकोटा
पोथी बन्न भेष परिवर्तन	चूडामणि चौधरी
ऐना हेरेर अनुहार मिलाउने चरा !	ददि सापकोटा
फुलभित्रैका बचेरालाई शिक्षा	झलक थापा
मौसम बिग्रियो कि मस्ती ?	ददि सापकोटा
अर्काको भाग नखोस्ने चरा	फ्रि पिक
कोइलीको घुसपैठ रोक्ने अक्कल	ददि सापकोटा
सुन्दर भाले कम सफल ?	ददि सापकोटा
बचेरामा तनाव आजीवन तनावग्रस्त	ददि सापकोटा
पति छान्दा आफ्नै जिन खोजी	ददि सापकोटा
माउको समस्याले बचेरालाई खति	ददि सापकोटा

डरपोकका पखेटा छरिता र लामा	ददि सापकोटा
गर्भमै जीवनको पाठ ?	ददि सापकोटा
परभक्षीको जानकारी दिन फ्याटफ्याट	ददि सापकोटा
पोथीको ध्यान भालेका प्वाँखमा	ददि सापकोटा
छोरी पाउन मरिहत्ते	फ्रि पिक
प्रजनन सफलता हर्मोनमा निर्भर	ददि सापकोटा
बत्तीमुनि प्रेम गर्न चरालाई नि लाज	ददि सापकोटा
नबिराई गन्न सक्ने चरा	ददि सापकोटा
भोक लाग्दा अर्कै आवाज	नवीन गड्तौला
तगडा गीत गाउने निरोगी	दृष्टान्त बिडारी
गीत चोरिएर चरा हैरान	फ्रि पिक
निद्रामै सङ्गीतको रियाज	ददि सापकोटा
चराको गीत, एक उपचार	फ्रि पिक
नर्भस चरा जोखिम लिन तयार	ददि सापकोटा
सेक्सी पोथीका वंश धेरै	कुमार महतो
पोथी नपाएर कालिगड जिल्ल	ददि सापकोटा
आफन्तको स्वर चिन्छन् काग	ददि सापकोटा
काठफोरहरूको ध्वनि, इन्जिनियरहरूलाई शिक्षा	राधाकृष्ण श्रेष्ठ
विकास कि विनाश ?	ददि सापकोटा
जति लसपस उति फाइदा	ददि सापकोटा
नक्साबिनै हजारौं किमि यात्रा ?	फ्रि पिक
यात्राअनुसार पखेटा	ददि सापकोटा
निर्देशन नपाएसम्म भित्रै गुपचुप	फ्रि पिक
तिर्खाउन छाडे रूखबिरूवा	ददि सापकोटा
कीरा खाने बिरूवा	फ्रि पिक
सेक्सी सुनाखरी	नारायण रिजाल
बिरूवामा पनि हाडनाता करणी ?	फ्रि पिक
किन बदलिन्छन् बिरूवाका रङ ?	ददि सापकोटा
छिटो उम्रिन संवाद	फ्रि पिक
वनस्पतिलाई ध्वनि प्रदूषणको मार	ददि सापकोटा
पिलपिल गर्ने जुनकिरी, सयौं पोथी वरिपरि	फ्रि पिक

जाँदाजाँदै

जाडोयाममा उत्तरतिरबाट आकाशै ढाक्ने गरी लावालस्कर लागेर कऱ्याङकुरूङ गर्दै तराई झर्ने मालचरी गर्मी लाग्नासाथ देखिन्नन् । आएको बाटोबाट फर्किएको पनि देखिन्न । गाउँमा उत्साह बोकेर आउने तिनीहरू बर्खा सकिनासाथ कुन डाँडा कटेर जाँदा हुन् ? के तिनले पनि मलमास बार्छन् ?

जाडो सकिएर बर्खायाम लाग्न थालेपछि लामा न लामा घुम्रिएका पुच्छर हुने मारूनी चरा (एसियन प्याराडाइज फ्लाइक्याचर) पोथीसित रमाउँदै, फकाउँदै किन हाम्रो तराईतिर आउँदो हो ? यता बच्चा कोरलेर नौलो परिवारसहित फर्किने यस्ता चरा बर्मातिर के नपुगेर हाम्रो छरछिमेक, वनपाखा आउँछन् ? ती पनि हनिमुन यात्रामा पो निस्किन्छन् कि ?

धोबिनी, कालो चिल, कोकले र भद्राई चरा किन करेसा, खेतबारी अनि आँगनमै रमाएका होलान् ? तर धेरै चरा किन बस्ती भनेपछि डरले सुइँकुच्चा ठोक्दा हुन् ?

स्थल प्राणीमा सबैभन्दा ठूलो हात्ती आफूभन्दा निकै सानो बाघको गन्ध थाहा पाउनासाथ किन सुँड लुकाएर भाग्छ ? जाडोमा सिमलका हाँगाभरि देखिने खागमौरीका सयौं घार गर्मी लाग्नासाथ कहाँ जान्छन् ? ती गर्मीभरि कसरी, कहाँ लुक्छन्, के खान्छन् र फेरि अर्को जाडोमा भुनभुनिँदै किन फर्किन्छन् ?

सानैदेखि प्रकृतिका यस्ता रहस्यमय कुराले मलाई चकित बनाउँथ्यो, मोहित पार्थ्यो र झन् झन् कुतूहल बनाउँथ्यो ।

चितवनको सौराहामा बसेर पथप्रदर्शक बन्दा मैले थाहा पाएँ– प्रकृतिका यस्ता क्रियाकलापले मोहित हुने म मात्रै होइन रहेछु । मौरी देखून् कि घामकिरी, मयूर देखून् कि हुटिट्याउँको आवाज सुनून्; विकसित देशका पर्यटक जे देख्यो, त्यसैको फोटो खिच्ने र बुट्यान, कीरा, पातपतिङ्गर जेमा पनि आकर्षित बन्दा रहेछन् ।

सौराहामै बसेर पर्यटकलाई प्रकृतिको रसस्वादन गराउँदै जाँदा मलाई थाहा भयो– कोटेरो चराको बिहे हुन निकै गाह्रो रहेछ । जाडोयाम लाग्नासाथ भालेहरू हतारिएर उड्दै तराईतिरका अग्ला रूखमा बाघकाने टोपी जस्ता गुँड बनाउन हतार गर्दा रहेछन् । जसले सुन्दर, राम्रो, पानी ओत्ने, बचेरा हुर्काउन सजिलो हुने गुँड

बनायो, पोथी उसैसित फकिने रहेछ । हतारिँदै निकै दिन लगाएर खाइनखाई बनाएको गुँड मन नपराइदिएपछि पोथीको मन जित्न भालेले फेरि अर्को गुँड देखाउने, गुँड बनाइसकेपछि त्यसको छतमा उभिएर प्यारी, मेरो गुँड हेर्न आइदेऊ न भन्दै बिलौना गर्ने गर्छन् । यति गर्दा पनि पोथीले मन नपराइदिएपछि भाले हेरेको हेर्‍यै हुन्छन् । पोथी जति अन्य सिपालु भालेले ओगटिसकेका हुन्छन् । त्यसैले कुनै कुनै भाले त्यो यामभरि पोथी नपाएरै जिल्ल पर्छन् ।

जुँगा-दाह्री चट्ट पार्ने, तेल घसेर कपाल लरक्क लर्काउने र स्त्रीलाई आकर्षित गर्ने स्वभाव चरा र अन्य जीवमा पनि हुने रहेछ । मानव समाजमा जस्तै जीवजन्तुमा पनि बलात्कारीहरूले स्त्रीलाई दुःख दिने रहेछन् । तिनलाई तह लगाउने पहलमान पनि हुने रहेछन् । चोरीचकारी अनि लुकीचोरी मायाप्रेम त जीवजन्तुले पनि गाँस्ने रहेछन् । कुनै कुनै जीवको त शरीरभन्दा पनि लामा लिङ्ग हुने रहेछन् । त्यस्तो लिङ्ग धान-मकै कुट्ने मिलको फिता झैं बेरिएर बस्दो रहेछ । यस्ता रोचक तथ्य भनिसाध्य छैन ।

क्यानडा, उत्तर अमेरिकादेखि दक्षिण अमेरिकाको मेक्सिकोसम्म पुग्ने मोनार्क पुतलीसित कुनै नक्सा हुन्न । तिनले कम्पास बोकेका पनि हुँदैनन् । तर कहीँकतै बाटो नभुली आफ्नो गन्तव्यमा पुग्छन् । यो जातका पुतलीले हाम्रै पहाडीभेग र तराईसम्म ओहोरदोहोर गर्छन् ।

अरू त अरू, उपयुक्त समयमा उम्रिऊन् भनेर रूखबिरूवाले माटोमुनिकै बीजसित संवाद गर्दा रहेछन् । एउटा फाउन्टेन पेनको जति पनि तौल नभएको चराले दुईदेखि तीन दिनमै कतै नरोकिई दुई हजार चार सयदेखि दुई हजार सात सय किमि यात्रा गर्दा रहेछन् ।

ढुकुर, मयूर, मारूनी र गाइने चरामा भालेहरू पोथी फकाउन ढल्की ढल्की नाच्छन् । कतिपय भालेले अरूका गीत चोरी चोरी, नक्कल गरी गरी सुरिलो स्वर निकाल्छन् । मीठो गीत सिक्न सुतेका बेला पनि सम्झी सम्झी रियाज गर्छन् । पोथीलाई थरीथरीका नाच देखाउँछन् । कतिपय पोथीले लुकी लुकी हेर्छन् । कतिले हाकाहाकी । भोक मारी मारी नाच्दा र गाउँदा भाले थकित पर्छ । तर अन्तिममा पोथीले अर्कै भाले च्यापिदिन्छे, भाले बिचरो हेरेको हेर्‍यै पर्छ । ओहो जीवजन्तुका पनि कति हुन् सास्ती !

प्रकृतिका यिनै अनेक रहस्यमय पाटा खोज्दाखोज्दै, तिनको रसास्वादन गर्दागर्दै म यसपटक *जीवगाथा*मा आइपुगेको हुँ । प्रकृतिका यस्तै रहस्यमय, कौतूहलपूर्ण विषयबारे *वनको वैभव* पुस्तक लेखिसकेको मैले यस पटक थप जीवजन्तुका रोचक आनीबानी, कौतूहलपूर्ण व्यवहार र लुकेका पाटा समेटेर *जीवगाथा* पस्किएको छु । मलाई विश्वास छ, यस पुस्तकले पनि पाठकलाई वन, जीवजन्तुको गाथा वा समग्रमा प्रकृतिका थप रहस्य खोतल्न मद्दत गर्नेछ ।

त्यसो त प्रकृति विज्ञान हो । विज्ञानको खोज एक्लो व्यक्तिबाट सम्भव छैन/हुन्न । त्यसैले मैले यो पुस्तक तयार पार्न विभिन्न देशका खोजकर्ता, विशेषज्ञ, वैज्ञानिक, लेखकका खोज, अनुसन्धान र पुस्तकको सहारा लिएको छु । जसको स्रोत प्रयोग गरें, इमानदारीपूर्वक सन्दर्भसामग्रीमा उतारिदिएको छु । हरेक पाठलाई वैज्ञानिक ढङ्गले पुष्टि गर्न सन्दर्भसामग्री प्रयोग गरेको छु । विज्ञानलाई रहस्यमय, अप्ठ्यारो र असहज बनाउने होइन, सरल र सबैको पहुँचमा पुऱ्याउनुपर्छ भनेर सरल र सामान्य तरिकाले सकेसम्म सबैले बुझ्न सक्ने भाषा प्रयोगको प्रयास गरेको छु ।

विज्ञान अनुसन्धानकर्मी, वैज्ञानिक, विशेषज्ञमा मात्रै सीमित नरहोस्, लामा लामा पाठले झर्को नदिऊन् र सबैका लागि पहुँचयोग्य बनाउन फरक फरक विषयका पाठ सकेसम्म छोटो-छरितो बनाउने कोसिस गरेको छु ।

विज्ञानका यतिका खोज एक्लो व्यक्तिबाट सम्भव छैन । त्यसैले यो पुस्तक तयार पार्दा मैले धेरै अनुसन्धानकर्मी, खोजकर्ता, विशेषज्ञ, मित्र र अग्रजको सहयोग पाएको छु । पुस्तकका शीर्षक र सामग्रीलाई थप रोचक बनाउने मित्र विनोद ढुङ्गेल र जीवजन्तुका तस्बिर खोज्नेदेखि सामग्रीमा सुझाव दिने योगेश अधिकारीको सहयोगप्रति आभारी छु ।

पुस्तकका लागि तस्बिर उपलब्ध गराइदिनुहुने नारायण रिजाल, झलक थापा, राधाकृष्ण श्रेष्ठ, कुमार महतो, नवीन गड्तौला र दृष्टान्त बिडारीलाई विशेष धन्यवाद । पुस्तक सम्पादन मात्रै होइन, प्रकाशन नहोउन्जेल घचघच्याइरहने मित्र भूमीश्वर पौडेल र सुन्दर साजसज्जाका लागि मञ्जु पौडेलप्रति कृतज्ञ छु ।

जीवनसाथी अनुराधा र छोरा आमोदलाई धेरैधेरै माया अनि आभार, जसको उत्साहपूर्ण सहयोग र झकझक्याइबिना पाँचौं पुस्तकका रूपमा *जीवगाथा* आउन कठिन थियो । अनुराधा मेरा लागि एउटा असल साथीदेखि कुशल समालोचक, शिक्षक सबथोक हुन् ।

पुस्तक लेखनका क्रममा चासो राखेर सुझाव दिने मित्रहरू अमर न्यौपाने, राजेन्द्र अधिकारी र कपिल पोखरेललाई सम्झिरहेको छु । *जीवगाथा* प्रकाशन गर्ने फाइनप्रिन्टका नीरज भारी र अजित बराललाई धेरै धेरै धन्यवाद ।

तपाईं प्रिय पाठकप्रति पनि म धेरैधेरै आभारी छु ।

धन्यवाद !

- ददि सापकोटा, पेरिस

dadijee@gmail.com

www.ingramcontent.com/pod-product-compliance
Ingram Content Group UK Ltd.
Pitfield, Milton Keynes, MK11 3LW, UK
UKHW041645190726
13854UKWH00006B/2706

9 789937 790192